红火蚁防控知识问答

农业农村部种植业管理司
全国农业技术推广服务中心 主编

ONGHUOYI FANGKONG ZHISHI WENDA

中国农业出版社
北 京

编委会

FOREWORD

前　言

红火蚁发源于南美洲，是世界自然保护联盟认定的100种最危险的入侵物种之一，主要随草坪草、建筑材料、带土种苗等物品调运传播，可在入侵地区叮蜇人畜，严重时可造成人员过敏性休克，导致农业生产损失、公共设备损坏和生态环境恶化等多种问题。2004年，广东省吴川县首次发现红火蚁疫情，我国随之将其列为全国农业、林业和进境植物检疫性有害生物进行管理。农业农村部迅速制定《红火蚁防控应急预案》《红火蚁疫情监测规程》《红火蚁化学防控技术规程》等方案标准，组织开展监测防控工作。多年的检疫实践表明，要做好红火蚁的防控工作，必须加强联防协作，必须提高公众的红火蚁防控意识和相关知识水平。

农业农村部会同住房和城乡建设部、交通运输部、水利部、国家卫生健康委、海关总署、国家林草局、国家铁路局和国家邮政局等九部委建立了联合防控工作机制，印发了《关于加强红火蚁阻截防控工作的通知》，组织各地、各部门抓住春秋两季关键防控时期组织开展联防联控。为了强化检疫监管和宣传培训，营造全社会共同关注、共同参与红火蚁防控的良好氛围，我们组织编写了《红火蚁防控知识问答》。

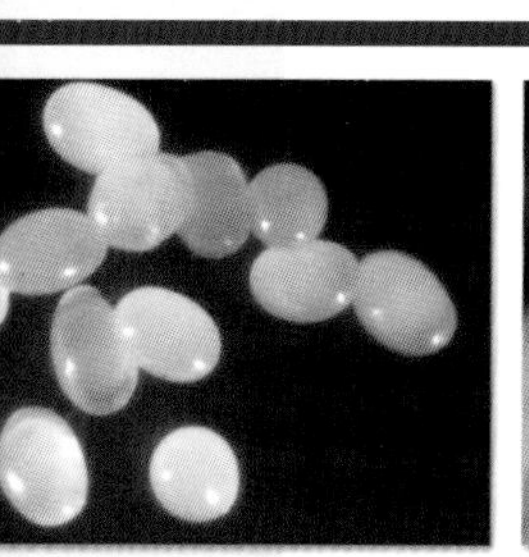

本书以问答的形式，介绍了红火蚁的生物学特性、危害特征、监测防控技术，以及用于红火蚁防控的全氟辛基磺酸及其盐类产品替代工作的开展情况等内容，希望对全国红火蚁防控工作有所帮助。

由于编者水平有限，本书谬误之处在所难免，请读者批评指正。

编　者

2021年11月

CONTENTS

目　录

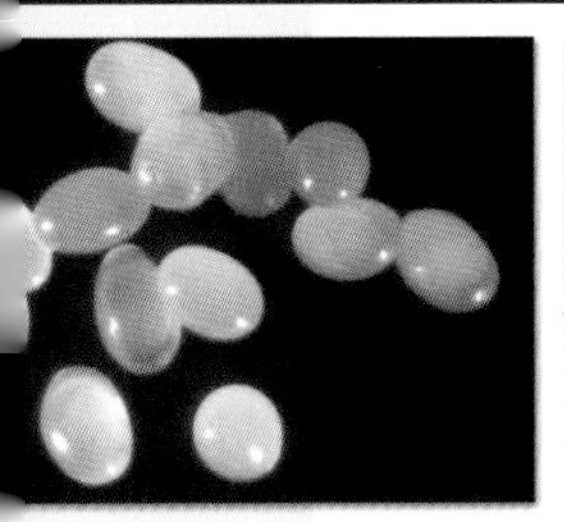

三、红火蚁发生与分布

四、红火蚁监测

五、红火蚁防控

CONTENTS

一、红火蚁生物学

1.红火蚁是什么?

红火蚁（*Solenopsis invicta* Buren）是一种蚂蚁，属于膜翅目（Hymenoptera），蚁科（Formicidae），切叶蚁亚科（Myrmicinae），火蚁属（*Solenopsis*）。区别于本土蚂蚁，红火蚁对我国来说，属于外来入侵生物。红火蚁成虫体色为橘红色，犹如火焰的颜色，人被其蜇伤后会出现灼烧感，这是其中文名字的含义。红火蚁的学名为*Solenopsis invicta*，其种名“*invicta*”来源于古罗马帝国的宣传口号——不可征服的罗马（Roma invicta），从红火蚁命名就足见其非同一般的威力（图1-1）。

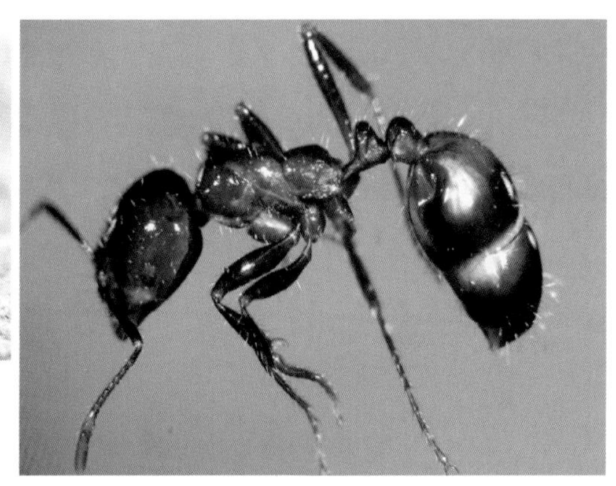

图1-1　红火蚁工蚁

2.红火蚁的生长发育分几个阶段？各阶段的特征是什么？

红火蚁生长发育分为卵、幼虫、蛹和成虫4个阶段。

（1）卵。卵为乳白色，椭球形，长、宽分别为0.23 ~ 0.30毫米、0.15 ~ 0.24

毫米。分为营养卵、未受精卵、受精卵，一般有数千至数万粒，粘在一起形成数个小团，由工蚁照看（图1-2）。

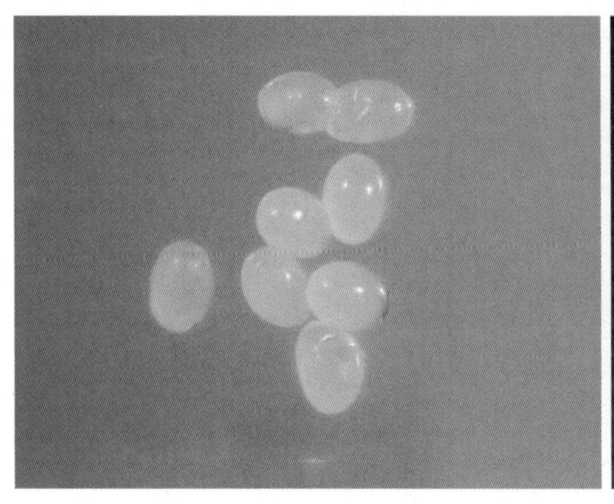

图1-2　红火蚁卵

（2）**幼虫**。幼虫共4龄，均为乳白色，发育为小型工蚁的4龄幼虫体长1.60 ~ 2.70毫米；发育为中型工蚁、大型工蚁和有性生殖蚁的4龄幼虫体长分别可达3.2 ~ 3.8毫米、4.1 ~ 4.7毫米、5.2 ~ 6.0毫米。1 ~ 2龄体表较光滑，3 ~ 4龄体表披有短毛，4龄上颚骨化较深，略呈褐色。少数为生殖蚁幼虫，绝大部分为工蚁幼虫，集中于一些蚁室，由工蚁照看、饲喂。

（3）**蛹**。裸蛹，初为乳白色，后逐渐变为黄褐色甚至更深，有翅雄性最后变为黑色，有翅雌性和工蚁变为棕褐色或红褐色。小型工蚁蛹体长2.3 ~ 3.0毫米，中型工蚁蛹体长3.2 ~ 3.9毫米，大型工蚁蛹体长4.1 ~ 4.8毫米，有性生殖蚁蛹体长5.8 ~ 7.2毫米。少数体型大者为生殖蚁蛹，绝大部分为工蚁蛹，集中于一些蚁室，由工蚁照看。

（4）**成虫**。成虫分为工蚁、雌蚁、雄蚁、蚁后。红火蚁成虫头、胸、触角及各足均为红棕色，前胸背板前端隆起，前、中胸背板的节间缝不明显，中、后胸背板的节间缝则明显，胸、腹连接处有两个结节，第一结节呈扁锥状，第二结节呈圆锥状。腹部卵圆形，可见4节，腹部末端有螯刺伸出（图1-3、图1-4）。

3. 红火蚁的生活史是怎样的？

红火蚁卵为乳白色，经过7 ~ 10天可孵化发育成幼虫；幼虫经过4个龄期，大部分20 ~ 80天发育成工蚁，很少一部分发育成生殖蚁（雄蚁、雌蚁），性成熟的雌蚁、雄蚁会飞到空中交配，其后雄蚁死亡，雌蚁落地后发育成蚁后。红火蚁繁殖能力很强，受精的蚁后在交配后24小时内产下10 ~ 15粒卵，这批卵8 ~ 14天孵化。第一批卵孵化后，蚁后将再产下75 ~ 125粒卵。当环境条件合适、食物充足

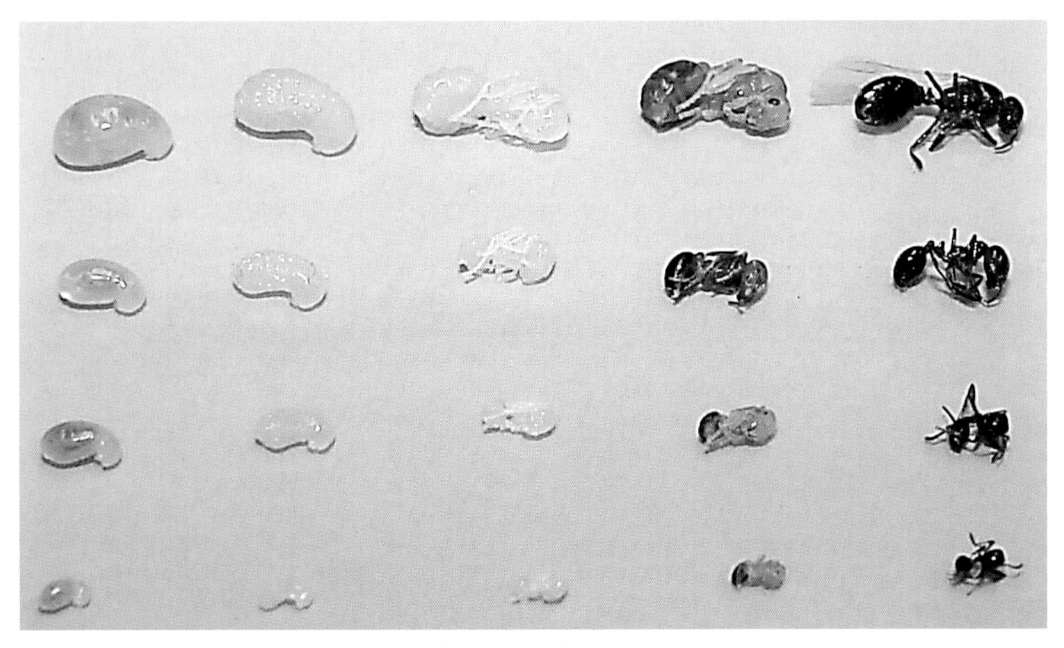

图1-3　红火蚁不同生长发育阶段的形态特征

图1-4　红火蚁蚁后、卵及幼虫

时，蚁后产卵量可达到最大。蚁后日产卵量可达5 000粒，且终生产卵。红火蚁的寿命与个体类型有关。一般小型工蚁寿命为30 ～ 60天，中型工蚁寿命为60 ～ 90天，大型工蚁寿命为90 ～ 180天。蚁后寿命为2 ～ 7年，大部分为5 ～ 7年（图1-5）。

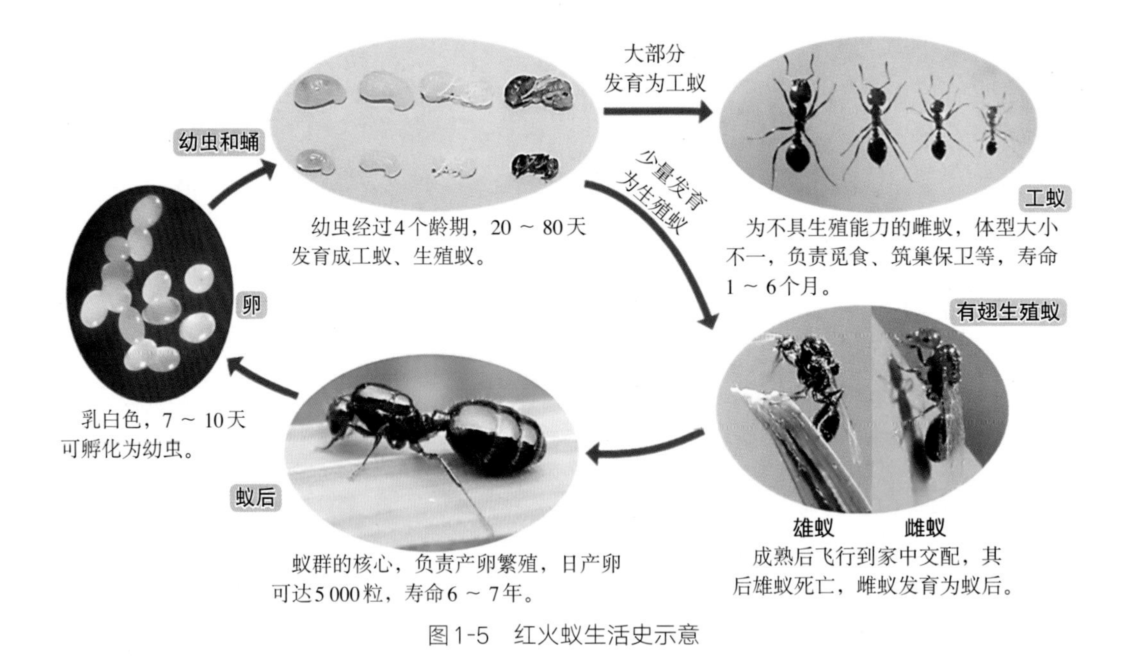

图1-5　红火蚁生活史示意

4.红火蚁成蚁的特征是什么?

工蚁一般分为大型工蚁、中型工蚁和小型工蚁，同一蚁群中工蚁体型大小呈连续性变化（图1-6）。

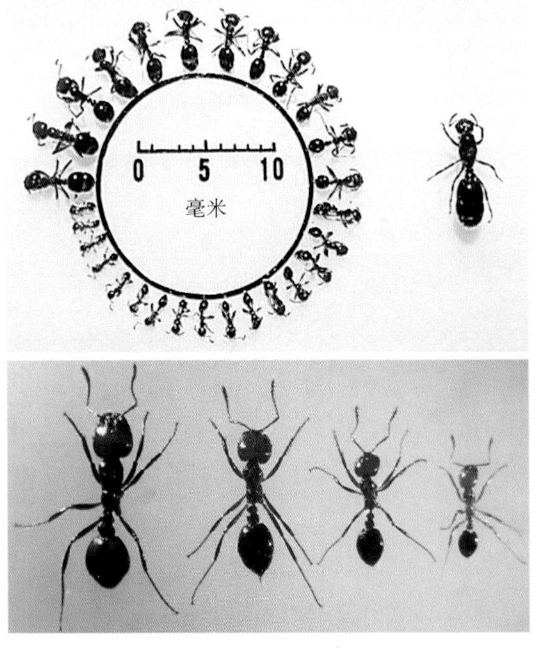

图1-6　工蚁体型大小呈连续性变化

小型工蚁体长2.5 ~ 4.0毫米。头、胸、触角及各足均为棕红色，腹部常棕褐色，腹节间色略淡，腹部第2节、第3节背面中央常具有近圆形的淡色斑纹，头部略呈方形，复眼细小，由数10个小眼组成，黑色，位于头部两侧上方。触角共10节，柄节第1节最长，但不达头顶，鞭节端部两节膨大呈棒状。额下方连接的唇基明显，两侧各有齿1个，唇基内缘中央具三角形小齿1个，齿基部上方着生刚毛1根。上唇退化。上颚发达，内缘有数个小齿。前胸背板前端隆起，前、中胸背板的节间缝不明显，中、后胸背板的节间缝则明显；胸、腹连接处有两个腹柄结，第一结节呈扁锥状，第二结节呈圆锥状。腹部卵圆形，可见4节，腹部末端有螯刺伸出。

大型工蚁（也称兵蚁）体长6.0 ~ 7.0毫米，形态与小型工蚁相似，体橘红色，腹部背板呈深褐色。上颚发达，黑褐色。

雄蚁体长7.0 ~ 8.0毫米，体黑色，着生翅2对，头部细小，触角呈丝状，胸部发达，前胸背板显著隆起。雄蚁婚飞交配后死亡。

雌蚁体长8.0 ~ 10.0毫米，头及胸部棕褐色，腹部黑褐色，着生翅2对，头部细小，触角呈膝状，胸部发达，前胸背板亦显著隆起。雌蚁婚飞交配后落地，翅脱落后结巢成为蚁后。

蚁后的体型特别是腹部可随寿命的增长不断增大。

5.红火蚁工蚁与其他类型蚂蚁的主要鉴别特征是什么？

工蚁鉴别特征为：头部正方形至略呈心形，长1.00 ~ 1.47毫米，宽0.90 ~ 1.42毫米（图1-7）。头顶中间轻微下凹，不具带横纹的纵沟。唇基中齿发达，长约为侧齿的一半，有时不在中间位置；唇基中刚毛明显，着生于中齿端部或近端；唇基侧脊明显，末端突出呈三角尖齿，侧齿间中齿基以外的唇基边缘凹陷。复眼椭圆形，最大直径为11 ~ 14个小眼长，最小直径为8 ~ 10个小眼长。触角柄节长，小型工

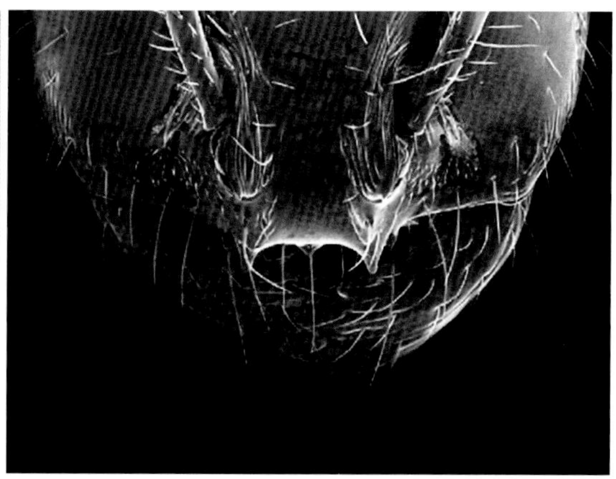

图1-7　红火蚁工蚁头部特征

蚁柄节端可伸达或超过头顶。前胸背板前侧角圆至轻微的角状，罕见突出的肩角；中胸侧板前腹边厚，厚边内侧着生多条与厚边垂直的横向小脊；并胸腹节背面和斜面两侧无脊状突起，仅在背面和其后的斜面之间呈钝圆角状。后腹柄节略宽于前腹柄节，前腹柄节腹面可能有一些细浅的中纵沟，柄腹突小、平截，后腹柄节后面观呈长方形，顶部光亮，下面2/3或更大部分着生横纹与刻点。

同一蚁巢个体间颜色比较一致，头、胸从橘红色至深红褐色，后腹从褐色至黑褐色，第1背板上有大斑。三角形额中斑和其后的窄中纵沟颜色在大多数标本中均明显深于周围区域。同一蚁巢中，小型工蚁颜色深于大型工蚁。

6.红火蚁与其近似种如何鉴别检索?

红火蚁及其近似种的鉴别检索表如下。

（1）复眼小，小眼不足10个 ……………………………………………………………2

复眼大，小眼超过10个 ……………………………………………………………5

（2）复眼仅有2～4个小眼；并胸腹节长，其长度为前胸与中胸总长度的2倍

…………………………………………………………………… 知本火蚁（*tipuna*）

复眼具有4个以上小眼；若仅有4个小眼，则并胸腹节至多与前胸和中胸总长度等长或短于其总长度 ……………………………………………………………3

（3）触角柄节短，很少超过复眼与头顶角之间距离的1/2 ………… 贾氏火蚁（*jacoti*）

触角柄节长，远超过复眼与头顶角之间距离的1/2 ……………………………4

（4）头近长方形，小而窄；头顶缘不凹陷，近平直 ………… 猎食火蚁（*indagatrix*）

头较宽，头顶缘中部凹陷 …………………………………… 急逃火蚁（*fugax*）

（5）唇基中齿缺如，罕见不明显小齿 ……………………………………………6

唇基有明显的中齿 …………………………………………………………………8

（6）头部前面观两侧近于平行；头顶中间明显下凹，有带横纹的纵沟伸向额部；并胸腹节背面和其后斜面两侧具脊突起 ………………………… 热带火蚁（*geminata*）

头部前面观上宽下窄；头顶中间纵沟浅，不带横纹；并胸腹节背面和其后斜面两侧无脊状突起，至多在背面和其后斜面交接处有短脊或突起 ……………………7

（7）较大个体头宽在1.5毫米以上，最大工蚁的并胸腹节背面和其后斜面的交界处两侧有一对短的纵脊或不规则形突起 ………… 热带火蚁（*geminata*）× 木火蚁（*xyloni*）

最大个体头宽不超过1.48毫米，并胸腹节无背侧脊 …………… 木火蚁（*xyloni*）

（8）前胸背板前侧角成角状，常有明显突起；背板后面部分中部通常下凹；头部黑褐色；上颚通常黄褐色；额无深色中斑，或极少能与周围区域分开；柄后腹第1背板有明显的黄褐色斑 ……………………………………………黑火蚁（*richteri*）

前胸背板前侧角圆，通常无突起；背板后面部分中部平或凸起；头部黄色，至少

在上颚基和唇基附近如此 …………………………………………………………9

（9）无深色额中斑；后腹柄节后面观上半或2/3部分光亮或稍呈纹状，下半或1/3部分着生横纹与刻点 ……………………………………… 巴西火蚁（*saevissima*）

有深色额中斑；后腹柄节后面观长方形，顶部光亮，下面2/3或更大部分着生横纹与刻点 ……………………………………………………………… 红火蚁（*invicta*）

7.红火蚁种群的组成及分工是什么？

一个成熟的红火蚁种群由20万～50万只多形态的工蚁、几百只有翅型生殖雄蚁和雌蚁、一只（单蚁后型）或多只（多蚁后型）生殖蚁后，及处于生长发育阶段的幼蚁（卵、幼虫及蛹）组成。

（1）**工蚁**。工蚁是不具生殖能力的雌蚁。主要负责照料幼蚁、生殖蚁、蚁后、修建蚁巢、觅食、防卫等，依据其功能可大致分为育幼蚁、居留蚁、觅食蚁。

（2）**雄性生殖蚁**。雄性生殖蚁不参加劳动，专伺交配，成熟后等待婚飞，婚飞交配结束后死亡。

（3）**雌性生殖蚁**。雌性生殖蚁不参加劳动，专伺交配，成熟后等待婚飞，婚飞交配结束后落地、脱去翅膀、建巢，成为蚁后。

（4）**蚁后**。蚁后是整个蚁群的中心，专伺繁殖，并调控蚁群活动、运行。

8.什么是红火蚁的蚁巢、蚁道和蚁巢领域？

蚁巢是红火蚁的栖息地，为红火蚁提供庇护。成熟蚁巢是以土壤堆成高10～30厘米，直径30～50厘米的蚁丘，内部结构呈蜂窝状；有时为平铺的蜂窝状。新形成的蚁巢在4～9个月后出现明显的小土丘。新建的蚁丘表面土壤颗粒细碎、均匀。随着蚁巢内的蚁群数量不断增加，露出土面的蚁丘不断增大。红火蚁农田野外一般喜欢在田埂筑巢，野外建筑新巢地点一般在岩石或树叶下、沟或石缝中、人行道、公路或街道边沿处等。

一个蚁巢工蚁活动、觅食所覆盖的区域称为蚁巢领域。蚁巢领域一般以蚁巢为中心，形状不规则，大小与蚁群规模相关，其半径从几米到十几米、几十米不等。工蚁主要在蚁丘周围地面以下挖出辐射状通道，并从这些通道外出活动、觅食。这种觅食道覆盖了大部分蚁巢领域，沿通道每隔几厘米至十几厘米会有一个通向地面的开口。一个大型蚁巢的觅食道甚至可以延伸至几十米远。环境条件适宜时，在这些觅食道里及附近地面上总有工蚁在四处活动。因此，在蚁巢领域内无论任何地方有食物，工蚁总能快速发现，并召集到相应数量的工蚁（图1-8、图1-9）。

图1-8 红火蚁蚁巢

A.蚁巢形成初期 B.成熟蚁巢内部 C.成熟蚁巢 D.田间密集的蚁巢

图1-9 红火蚁蚁巢表面婚飞孔道（A）和蚁巢外觅食道（B）

9.红火蚁在野外如何与普通蚂蚁进行区分？

常见蚂蚁的体色有黑色、黄色、棕色、红色等，而红火蚁的工蚁身体颜色呈棕红色或橘红色，在太阳光下呈鲜红色。红火蚁攻击性、适应性比普通蚂蚁更强，具有明显的生态位竞争优势，红火蚁所到之处，其他种类蚂蚁几乎“消失殆尽”。红火蚁体内蚁酸含量比普通蚂蚁多，因此人类、牲畜等被红火蚁咬后会出现红肿痛痒等更为严重的症状。

红火蚁的蚁巢相较于普通蚂蚁更为巨大，尤其是地上部分，成熟蚁巢呈土堆状，内部呈明显蜂窝状。红火蚁的蚁巢受到干扰时，工蚁会迅速出巢攻击入侵者。在野外，红火蚁蚁巢的特点及主动攻击入侵者的行为，可以作为迅速判断是否为红火蚁的方法之一。

10.红火蚁生殖方式是什么？什么是红火蚁的婚飞？

红火蚁营两性生殖（图1-10）。气候和环境条件合适时，一般是雨后晴朗、温暖的中午时分，成熟蚁巢中生殖蚁出巢，飞到90 ～ 300米的空中交配，然后落地筑巢产卵，完成生育过程，这称作红火蚁的婚飞。

图1-10　红火蚁有翅蚁

A.有翅雄蚁　B.有翅雌蚁　C.婚飞雄蚁　D.婚飞雌蚁

婚飞开始前会进行各项准备工作，大批工蚁会在蚁巢表面给有翅蚁挖出许多通道，同时做好严密的保护工作。在通道挖好后，有翅生殖蚁就会在工蚁的前呼后拥下慢慢从蚁巢中爬出，在起飞前，有翅生殖蚁一般会先爬上旁边的小草，稍作休息后便告别工蚁们独自飞上天空开始他们的空中婚礼，空中亲密接触后，便会降落到地面（图1-11）。交配不久后雄蚁死去，大部分雌蚁飞行数百米，少数可飞行1 ～ 5千米，降落地面，脱去翅膀，寻找松软的地面钻进去，建筑新巢。这些地点一般在农田或林地田埂、岩石或树叶下、沟或石缝中、人行道、公路或街道边沿处等。雌蚁找到合适筑巢的地点后，在地下25～50毫米处挖出1个小室，24小时之内，年轻的雌蚁便开始产卵。红火蚁虽然具有很强的攻击性，但繁殖雌蚁在婚飞交配、构筑新巢的过程中，其死亡率相当高，常在99%左右。例如，空中飞舞的蜻蜓会吃掉刚刚交配完毕，尚未落地的雌蚁；地上的甲虫、蠼螋和蜘蛛都会捕食雌蚁；许多掉进水塘的雌蚁会被鱼吃掉；如果雌蚁降落在单蚁后型红火蚁种群建立的区域，则同样会受到该地域单蚁后型红火蚁的攻击并被杀死。

图1-11　红火蚁婚飞

在适宜条件下，红火蚁婚飞常年可以发生。在我国华南地区，红火蚁婚飞主要在晴朗的天气发生，并集中在上午10时开始直至下午5时左右结束。降雨后第一天往往会有大量的红火蚁婚飞。有研究表明，红火蚁在春季、秋季都有婚飞高峰。

11.红火蚁是社会性昆虫吗？分为哪两种社会型，其特征是什么？

红火蚁是真社会性昆虫，蚁群中除了蚁后、雌雄有翅生殖蚁外，无生殖能力的雌性个体（工蚁）和幼期虫体（卵、幼虫和蛹）占绝大多数。红火蚁有单蚁后型和多蚁后型两种社会型。单蚁后型蚁群工蚁攻击性较强，不同蚁群间工蚁争斗激烈，会杀死婚飞后落地的生殖蚁或其他蚁群蚁后；多蚁后型蚁群则易接纳拥有多蚁后型基因的婚飞后生殖蚁或者其他蚁群蚁后，而杀死拥有单蚁后型基因的婚飞后生殖蚁或者其他蚁群蚁后。

单蚁后型蚁群为只有一头蚁后的蚁群，由交配的雌生殖蚁通过飞行而扩散建立。因为单蚁后型蚁群领地防卫行为强，巢间距离较大，所以与多蚁后型蚁群相比，其蚁巢密度明显较低，一般为20～100个/公顷，多者达200个/公顷。多蚁后蚁群中有两头至数百头具有繁殖能力的蚁后，其蚁群是由婚飞后雌生殖蚁聚群、融入原蚁群或者由原蚁群分巢、迁移而建立的。这种形式的扩散速度相对较慢。多蚁后型蚁群领地防卫行为弱，巢间距离较小，所以蚁巢密度较大，一般为400 ~ 600个/公顷，甚至超过1 000个/公顷，是单蚁后型蚁群的5 ~ 6倍。

12.红火蚁的觅食、繁殖等活动的适宜温度分别是多少？

文献报道红火蚁耐受最低温度为3.6℃，最高温度为40.7℃。

（1）觅食。气温11 ~ 42℃时工蚁外出地表觅食，20 ~ 36℃时觅食活跃，最适宜气温为22 ~ 32℃。地表温度13 ~ 51℃时工蚁出现觅食，13℃以上时开始觅食，达19℃时不间断觅食，21 ~ 39℃时觅食活跃，高于44℃时觅食活动减弱，最适宜温度为24 ~ 35℃。适于工蚁觅食的土壤温度（5厘米）范围为13 ~ 46℃，其中22 ~ 36℃觅食活跃。通常凉爽季节白天尤其是中午或者炎热季节早晨、傍晚和夜间工蚁觅食活动频繁。

（2）繁殖。红火蚁发生婚飞的基本条件是气温24 ~ 32℃、空气相对湿度80%。红火蚁没有特定的婚飞时期（交配期），成熟蚁巢全年都会产生生殖蚁，当条件合适时就可能发生婚飞。华南地区红火蚁婚飞大部分（70%～80%）发生在4—6月，其次是秋季（9—10月），夏季和冬季较少发生。其他地区因气候条件不同，婚飞发生时间也不同。春天周平均土壤温度（5厘米）升高至10℃以上时，红火蚁开始产卵；20℃、22.5℃以上时，工蚁、繁殖蚁出现化蛹和羽化；24℃及以上时，繁殖蚁可发生婚飞交配行为。

13.红火蚁的食性如何？是如何进行取食的？

红火蚁为杂食性昆虫，可取食昆虫和其他节肢动物、软体动物、爬行动物、小型哺乳动物和腐肉等，也可取食149种野生花草的种子、57种农作物，蜜汁、糖和含蛋白质、脂肪的食物也在其食谱上。

红火蚁幼虫在4龄以前只吃液体食物，进入4龄后能够消化固体食物。工蚁觅食获得固体食物，但不直接取食固体食物，而是把大小合适的固体食物颗粒放在高龄幼虫的前腹部靠近嘴前的位置。高龄幼虫取食食物颗粒，并分泌消化酶进行分解，形成食物液体，再反刍给工蚁。工蚁运送高龄幼虫的食物消化液，饲喂蚁后、生殖蚁、低龄幼虫，并与其他工蚁分享，这种行为被称为“交哺”。红火蚁工蚁在寻找食物时会运用“蚁海战术”，发挥好数量上的优势。当一只工蚁发现大猎物时，将做好标记并返回蚁巢告知其他工蚁，其他工蚁会浩浩荡荡随之向猎物进军。

14.红火蚁会产生“垃圾”吗，是如何处理的?

红火蚁也会产生垃圾，但红火蚁是一种非常爱干净的生物，它们会定期将蚁巢内的垃圾搬出来，并堆放在一起，我们称之为“弃尸堆”。分析红火蚁的垃圾也可以从侧面得出红火蚁的食谱。分析研究结果表明：红火蚁“弃尸堆”中主要包括了8个目的昆虫和41个种类的种子。其中甲虫（鞘翅目，Coleoptera）的出现频率最高，在取样研究的4个生境中分别为69.05%、41.7%、51.8%和66.67%。同翅目（Homoptera）昆虫出现频率最低，只在荒地中发现，仅占1.20%。其余依次为膜翅目（Hymenoptera）昆虫14.92%，半翅目（Hemiptera）昆虫11.96%，植物种子11.66%，直翅目（Orthoptera）昆虫2.08%，鳞翅目（Lepidoptera）昆虫0.60%，等翅目（Isoptera）白蚁0.60%和蜻蜓目（Odonata）昆虫0.60%。而其中昆虫碎片以成虫的碎片为主，蛹和幼虫较少（图1-12）。

图1-12 红火蚁“弃尸堆”

15.红火蚁是如何传播扩散的?

红火蚁的传播扩散方式包括自然扩散和人为传播。自然扩散主要是婚飞或随水流动扩散，也可由于分巢、搬巢而进行短距离移动。生殖蚁交配、婚飞是自然扩散的主要方式。与白蚁不同的是，红火蚁没有特定的婚飞时期（交配期），成熟蚁巢全年都会产生生殖蚁，当条件合适时就可能发生婚飞。华南地区红火蚁婚飞大部分（70%～80%）发生在4—6月，其次是秋季（9—10月），夏季和冬季较少发生。

其他地区因气候条件不同，婚飞发生时间也不同，需要开展系统调查，明确婚飞规律，为确定防控适期提供指导。

洪水对促进红火蚁迁移也是有利的。在洪水暴发的时候，由于水面上升，淹没了岸边及附近的蚁巢，蚁群就会形成一团，浮在水面上随波逐流，可以存活数周。当水位下落或漂流到岸边时，蚁群就会上岸，建立新的蚁巢。一般来说随着水流扩散的距离每年为几千米至十几千米。因此，河流沿岸发生区红火蚁会扩散得较快。

红火蚁人为传播指的是随着草皮等园艺植物、废土、堆肥、园艺农耕机具设备、空货柜、车辆等进行长距离传播。我国从17类进口物品（废纸、废塑料、废旧电脑、废旧机械、苗木、原木、树皮、木质包装、集装箱、椰糠、鱼粉、豆粕、水果、腰果、玛瑙石、鲜花、花旗参等）中截获红火蚁，其中以废纸、废塑料、废旧电脑、废旧机械等为主。带土植物（种苗、花卉、草坪草、其他观赏植物等）调运对红火蚁传播、扩散十分有利。长途运输废土、垃圾废品、堆肥、栽培介质等也会显著提高红火蚁传播风险和速度。在美国，甚至有红火蚁侵入养蜂箱而随放蜂活动进行长距离传播的例子（图1-13、图1-14）。

图1-13　红火蚁随水流、草坪草、苗木等传播1

图1-14　红火蚁随水流、草坪草、苗木等传播2

二、红火蚁危害

16.红火蚁的危害有哪些?

红火蚁的危害是多方面的，可在入侵地区叮蜇人畜，严重时造成人员过敏性休克，造成农业生产损失、公共设备损坏和生态环境恶化等多种影响。

17.红火蚁如何危害人类健康?

红火蚁攻击性非常强，当蚁巢受到干扰时，工蚁迅速出巢，并开始攻击，以上颚钳住人类或动物皮肤，以腹末螯针连续叮蜇，并释放毒液。红火蚁毒液包括水溶性蛋白、甲酸（蚁酸）、生物碱等成分。毒液中95%为哌啶（类）生物碱，该毒素有导致局部组织坏死、溶血、抗菌和杀虫的作用，会促使肥大细胞释放组胺和血管活性肽类物质，引起细胞坏死，造成咬伤部位的疼痛和脓包反应，但不会引起免疫性过敏反应；5%为水溶性蛋白质、多肽。红火蚁毒液含有少量蛋白质，具有抗原性，是造成过敏的原因。目前已有4种蛋白质抗原被发现，都属于碱性蛋白质，这类蛋白质会引起免疫球蛋白介导的I型过敏反应，例如其中含有的磷脂酶及透明质酸酶可能和组织肿胀相关。人类被叮咬后会产生火灼伤般的疼痛感，随后出现水泡并化脓，水泡或脓包破掉，不注意清洁卫生时易引起细菌感染。大多数人被叮蜇后仅会感觉到疼痛、不舒服，一般10天左右便可复原，但通常会留下一些疤痕。而少数人由于对毒液中的蛋白质过敏，会产生严重过敏反应甚至休克、死亡（图2-1）。

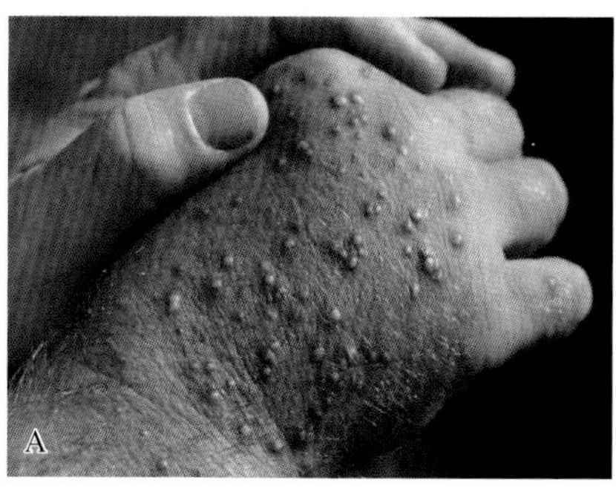
A

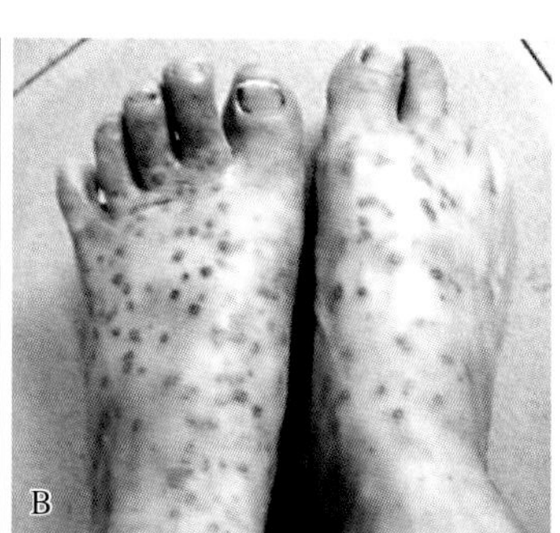
B

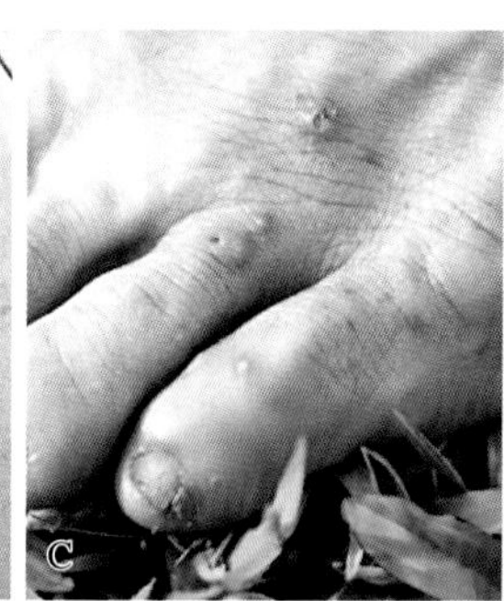
C

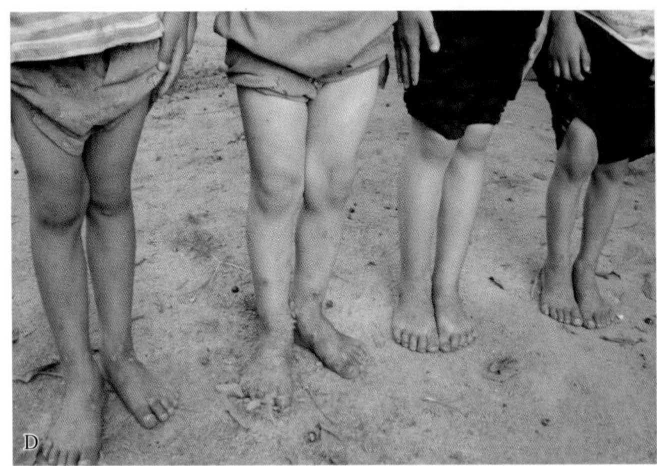

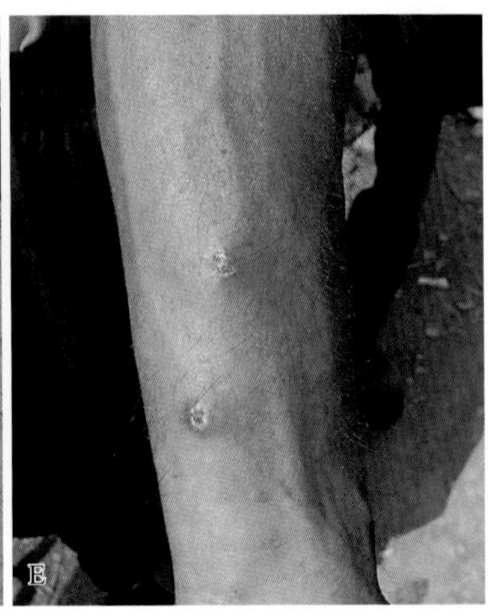

图2-1 红火蚁蜇刺人体症状

A.被蜇刺的手背 B ~ D.被蜇刺的下肢 E.被蜇刺的手臂

案例一：美国红火蚁危害群众情况

1998年美国南卡罗来纳州有3.3万人因红火蚁蜇刺就医，其中660人出现过敏性休克，两人死亡。在美国，有超过4 000万人生活在红火蚁的发生区，每年有1 400万人次被红火蚁蜇刺事件，医疗费用约790万美元。

案例二：中国台湾因红火蚁咬伤致死案例

2004年10月20日，中国台湾出现首起因红火蚁致死的病例。新光医院收治了一名桃园老妇人，她在遭红火蚁咬伤后出现呕吐，被送入医院后，一天之内死亡。新光医院肾脏科医师指出，老妇人是一名肾病患者，她在家自行洗肾时，手部遭红火蚁咬伤，大量细菌污染到洗肾管，再感染到腹腔，最后导致腹膜炎，不幸死亡。

案例三：中国大陆因红火蚁咬伤致死案例

2006年6月4日下午，东莞市某镇医院收治的一名被蚂蚁咬伤的患者，经抢救无效死亡。6月28—29日，东莞市疾病预防控制中心会同广东省疾病预防控制中心及事件发生地的镇医院共同对这起蚂蚁咬伤后死亡事件进行了调查：这是一起因输入性红火蚁咬伤引发过敏性休克而致死的事件，且红火蚁已对当地居民的健康带来了较为严重的影响。

死者朱某，女性，46岁，某镇田寮村人，当地某园林绿化公司工人。2006年5月30日，朱某在该镇石洲大道福隆路段旁的绿化带工作时被蚂蚁咬伤脚部，当时伤口出现痒痛，手和脸出现红肿，且伴随发烧等症状。当晚自行使用“金正狮子油”擦拭患处，症状明显好转。6月3日下午2时20分左右，朱某在该镇田寮与水贝两村交界循环岛内的绿化带工作时再次被蚂蚁咬伤脚部，当时感觉伤处烧灼样疼痛，继而头晕、全身乏力、手和脸部皮肤出现红斑，随即晕倒。与其一起工作的工友立即拨打急救电话，由120救护车将患者接入镇医院急诊科。入院时神志模糊，回答不切题，面部及双上肢可见皮肤潮红，肢端苍白，呼吸浅慢，双足可见多处红斑。入院诊断：过敏性休克、蚂蚁咬伤。经治疗，患者症状曾一度好转，但当晚11时、6月4日上午7时曾两次病情危重，均抢救成功。4日下午2时20分左右，患者再度病情危重，经镇医院抢救无效于下午4时死亡。最终诊断：过敏性休克、蚂蚁咬伤、急性左心衰、心源性休克、中毒性心肌炎。患者既往体健，无过敏史。

案例四：红火蚁在广东省危害群众情况

2005年，容剑东在吴川市调查5个自然村4 908人。调查发现，红火蚁叮咬概率上男女无差别，各年龄人群均被叮咬，农民多见。伤者中85.6%是被叮咬四肢，所有伤者均有烧灼痒痛感。96.3%出现荨麻疹或丘疹，95.9%出现水泡、脓疱，10.3%出现发热（大于37.5℃）或头晕、头痛，1%出现全身过敏反应。

2005年，许桂锋等在高州市云潭镇调查新华、新农、王姜3个村的991名村民。调查发现，被蜇咬率为18.55%（991/5 342）。被蜇伤对象中女性比男性多，被蜇咬的最高年龄段为41 ~ 50岁，蜇咬率为24.68%，在农田发生蜇咬伤的占80.63%。临床表现以痒痛（100%）、红肿（98.89%）、水泡和脓疱（63.07%）为主，全身过敏很少见（0.71%）。咬伤部位以四肢为主（57.32%），89.41%的伤者不做任何处理或用皮康霜自行处理，有1.82%的伤者就医，无死亡病例（图2-2）。

广东东莞自2015年以来报告红火蚁咬伤372例、住院7例。

案例五：红火蚁在南海某吹填岛礁上危害官兵

2019年1月至2020年1月，张敏等人回顾性分析2019年1月至2020年1月南海某吹填岛礁医院的卫生统计报表及接诊官兵门诊记录。结果表明，南海某吹填岛礁红火蚁咬伤官兵引发的皮炎共计110例，其中过敏性休克11例、中度过敏71例、轻度过敏28例；叮咬部位，手部41例、腿脚60例、面颈9例。

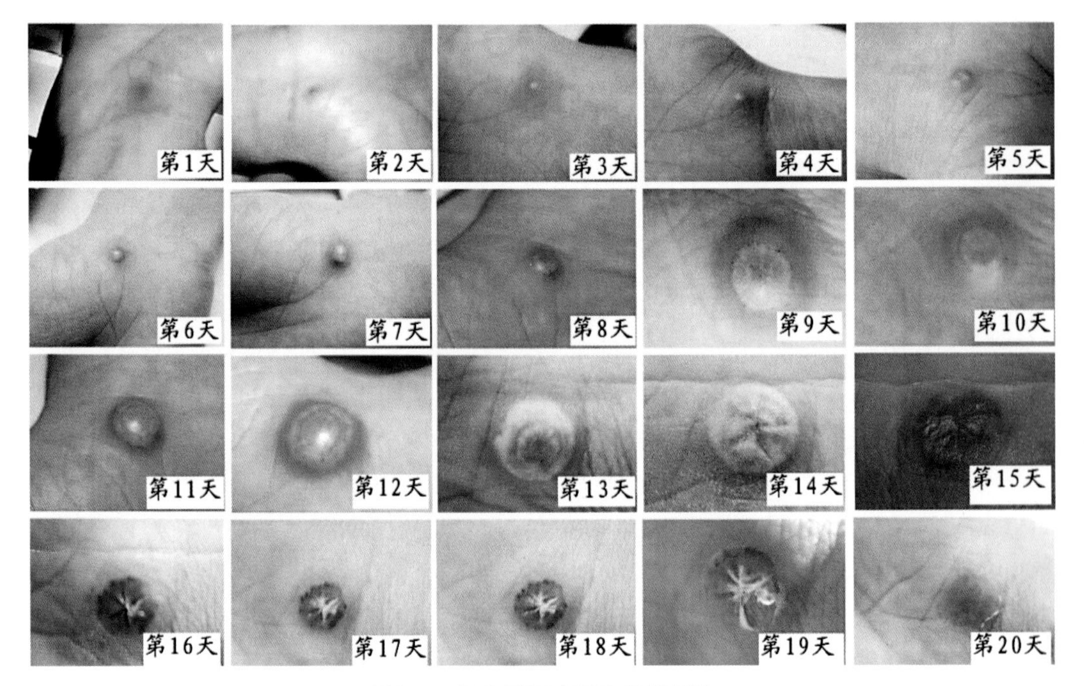

图2-2 红火蚁叮咬后的症状表现

案例六：红火蚁在中国伤人事件调查

为了解红火蚁在我国叮咬人后的流行病学特征、临床表现及红火蚁在我国环境中的分布情况。赵静妮等（2015）通过互联网搜索并分析红火蚁在中国伤人事件，在百度新闻搜索平台上以红火蚁为关键词搜索了2003年1月至2015年3月有关红火蚁的新闻报道，并整理出红火蚁入侵、伤人等方面的报道，根据统计结果，进一步分析红火蚁对我国的威胁与危害。红火蚁的快速广泛传播，是导致红火蚁频繁侵扰人类的重要原因。所有被叮咬过的人均出现过痛痒症状，大多数都有过肿痛感，也有少许人出现过发烧、暂时性失明、荨麻疹或者是其他系统性的反应，例如休克，甚至是死亡。研究结果表明，红火蚁的快速蔓延严重危及公共健康。

红火蚁在2004年被发现侵入我国后，广东地区的红火蚁伤人事件已多达50起，另外在湖南、江西、福建、云南、香港、澳门、四川、海南、广西、台湾等地都有发现。地域方面，按其发现次数分别是台湾15次，福建13次，广西8次，海南4次，云南4次，澳门4次，江西2次，四川2次，香港2次，湖南1次。年度变化方面来看，2004年红火蚁伤人事件数为38例，占有关红火蚁报道事件的比例为22.22%，之后逐年下降，到2007年降至6例，所占比例为0.66%，而近几年来红火蚁伤人事件占总报道事件的比例又有所回升，如2014年的伤人事件数为48例，占有关总报道事件的7.77%。季节方面，在较为干燥寒冷的冬季，伤人事件报道较少，而春季、夏季、秋季事件数普遍较高。生境类型方面，绿化带最多占41%，其次为农田（32%）、公园（16%）、家中（5%）、水库（1%）、垃圾堆（1%）和河畔（1%）等。

18.我们应该如何防范红火蚁?

红火蚁对群众健康影响很大，因此要注意防范红火蚁，避免被叮蜇。

第一，不要在红火蚁发生区较长时间活动、停留，注意不要碰触红火蚁蚁巢、蚁道和外出觅食活动的工蚁。

第二，在红火蚁发生区劳作时要做好充分防护，戴上手套、穿上长筒靴，并在上面涂抹滑石粉等。

第三，要正确处理叮蜇伤害。如果不慎被红火蚁叮蜇，注意清洁、卫生，避免抓挠，可涂抹清凉油、类固醇药膏等缓解；如出现较大面积红斑、皮疹等，可在医生指导下口服抗组胺药剂治疗（图2-3）。如多个部位被蜇伤或出现全身症状如脸部燥红、荨麻疹、脸部与眼部肿胀、说话模糊、胸痛、呼吸困难、心跳加速等，应立即就医。

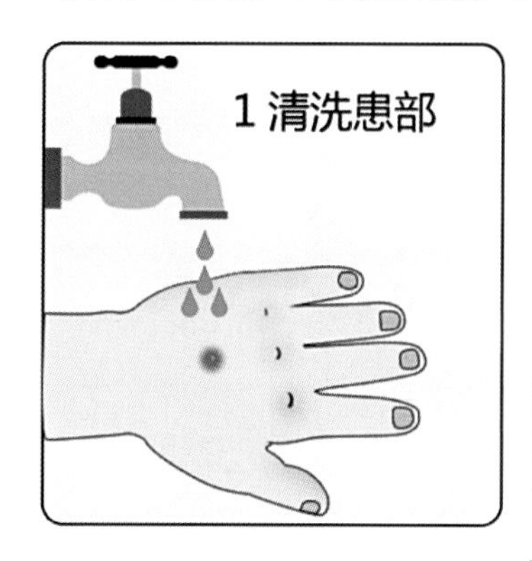

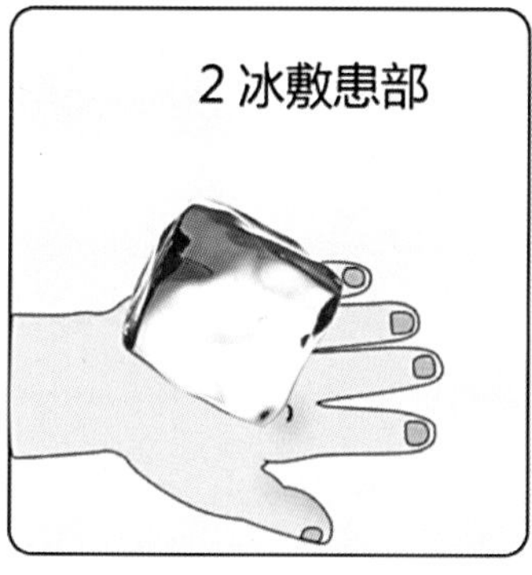

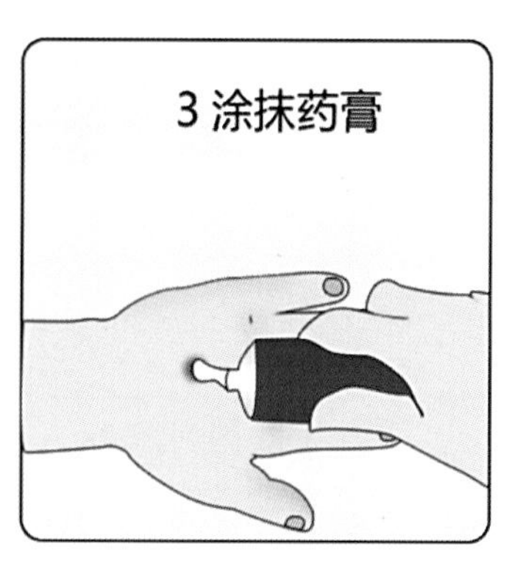

图2-3　红火蚁叮咬后的处理步骤

19.红火蚁如何危害农业生产?

红火蚁是杂食性昆虫，可以危害50多种农作物，取食农作物种子、嫩芽、根系、果实等，喜好取食节肢动物、环节动物、软体动物、爬行动物、小型哺乳动物、鸟类等。

案例一：红火蚁危害农作物种子

据调查，红火蚁对14种植物种子刮啃率、搬运率、丢弃率在40%以上，导致部分种子萌发率低于50%，发生区玉米、绿豆种子萌发率分别降低了14%和7.4%（图2-4）。

图2-4 红火蚁搬运农作物种子

案例二：红火蚁危害造成农田弃耕弃管

部分地区因红火蚁入侵、暴发，严重威胁农事操作，造成了农田丢荒。例如，广东省惠州市曾有上千亩*农田因红火蚁暴发而抛荒（图2-5）。

* 亩为非法定计量单位，1亩≈667米^2。——编者注

图2-5 红火蚁农田为害状

A.成功防治后遗留田间的蚁巢 B.红火蚁为害苗木 C.红火蚁为害果树
D.红火蚁为害蔬菜 E.红火蚁在田埂为害 F.红火蚁取食植物种子

20.红火蚁如何危害公共安全?

因电流中的磁场对红火蚁具有引聚作用，因此，红火蚁喜欢把蚁巢筑在电器设备附近，野外的电表、电话总机箱、交通机电设备箱、机场跑道指示灯、空调等均是红火蚁喜好筑巢的地点。由于红火蚁聚集于电箱中，常易造成电线短路或设施故障，对公共安全造成影响。据估计，在美国红火蚁破坏建筑和电器所造成的损失每年达1 120万美元。湖南张家界公园曾在公园电缆箱中发现多个红火蚁蚁巢。广东吴川市大山江街道一户果农家中红火蚁钻入2个电箱中活动、筑巢，导致电箱短路被烧坏。广州越秀区二沙岛绿地4个路灯和1个配电箱因红火蚁入内活动、筑巢，导致3个路灯和配电箱短路、损坏。重庆两江机场等设施设备也受到红火蚁入侵的威胁（图2-6)。

图2-6　红火蚁破坏电器

21.红火蚁如何危害生态系统？

在生态系统中红火蚁具有显著竞争优势，可大量捕食节肢动物等其他动物，造成生境内生物多样性急剧下降，甚至导致一些物种灭绝。据报道，红火蚁传入美国后大大降低了当地蚂蚁的丰富度和多样性，入侵严重的地区当地种群仅剩30%。被红火蚁取食的无脊椎动物种类很多，在红火蚁入侵地节肢动物物种丰富度下降到原来的40%。红火蚁还可对入侵地脊椎动物多样性和丰富度造成明显的负面影响。红火蚁入侵中国南方后已经分别对多类生态系统中的植物和节肢动物的结构、功能产生了负面影响。例如，华南地区草坪、绿地等被入侵环境中本地蚂蚁种类减少了80%以上。红火蚁还可对家禽、家畜造成危害，增加疾病发生率，降低生产效率。例如，广州市增城区朱村镇几个养猪场周围布满了蚁巢，一般有数10个到100多个，圈舍里红火蚁工蚁到处活动，25%以上仔猪和10%以上育肥猪身上因被工蚁蜇刺而布满伤痕，影响了其正常生长发育（图2-7）。

成年的工蚁喜欢糖，在自然界中存在类似糖水的东西，称为“蜜露”。蜜露可以是植物源的，也可以是动物源的。比如蚜虫和介壳虫就会疯狂地吸食植物的汁

图2-7　红火蚁为害生物

A.红火蚁为害爬行类动物　B.红火蚁为害节肢动物　C.红火蚁为害鸟类
D.红火蚁为害昆虫　E.红火蚁为害蚯蚓等环节动物　F.红火蚁为害哺乳动物

液，并产生“蜜露”——实际上就是粪便。不管蚂蚁是否出现，蜜露的产量都非常惊人，瘤大蚜每小时能够产生7滴蜜露，超过了它们自己的体重。在澳大利亚，木虱蜜糖被土著当食物收集起来，一个人一天可以收集到1.3千克之多。这些蜜露不论对蚂蚁还是对人来说，都算得上营养丰富，其中90%～95%的干重由糖组成，此外还有氨基酸、维生素和矿物质——尽管这些在蚜虫看来确实是废弃物。毫无疑问，蚂蚁喜欢蜜露，而且这种蜜露的获得非常容易。也许在亿万年前，蚂蚁的先祖从这些液体下落的地方碰巧采集到了它们，从此迈出了双方结盟的第一步。那些蚂蚁的盟友们，则在进化中将蜜露从纯粹的粪便变成了珍贵的交换品，一些蚜虫种类甚至专门为此调整了蜜露中的成分，加入了一些新的氨基酸或者一些能够让蚂蚁着迷的物质。取食蜜露有助于红火蚁补充能量，使其更具有战斗性，可进一步加强其对食物资源的掠夺。

红火蚁入侵多种生态系统，它与蚜虫、介壳虫等能分泌蜜露的昆虫具有互惠关系，这种关系直接影响红火蚁的捕食范围及其对其他节肢动物的干扰和捕食强度。与原产地南美洲相比，入侵美国的红火蚁通过与蚜虫和粉蚧等产蜜露昆虫的互作来促进其成功入侵。在我国华南入侵区，因为蜜露的强烈吸引（图2-8），红火蚁工蚁加强了在植物上的觅食活动，导致对产蜜露昆虫有照看行为的本地蚂蚁种类减少了近七成，在植株上活动的本地蚂蚁数量也显著减少。与本地蚂蚁相比，红火蚁可与另一种入侵生物扶桑绵粉蚧建立更稳固的条件性互惠关系（图2-9）。

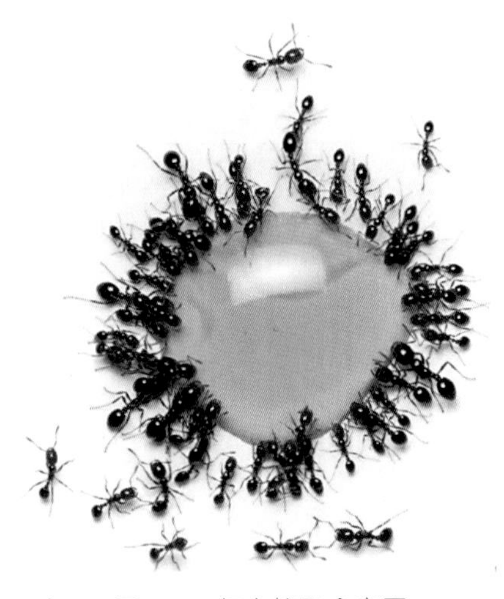

图2-8 红火蚁取食蜜露

图2-9 红火蚁与扶桑绵粉蚧建立互惠关系

红火蚁对食物资源往往具有掠夺性，与产蜜露昆虫形成紧密的互惠关系，不仅影响本地蚂蚁与产蜜露昆虫的互作。红火蚁还通过捕食降低瓢虫等捕食性天敌的存活率而影响这些天敌对产蜜昆虫的控制效能；另外，红火蚁也通过行为干扰降低寄生蜂对产蜜昆虫的寄生作用。总之，蜜露在红火蚁入侵进程中发挥重要的作用，对蜜露的高度占有加剧了红火蚁对本地蚂蚁和其他节肢动物的抑制作用。

三、红火蚁发生与分布

22. 红火蚁原产地在哪？现在的全球分布是怎样的？

红火蚁原产于南美洲巴拉那河流域。红火蚁原产地生物多样性丰富，存在多种红火蚁的天敌，限制了其在南美洲的蔓延。

1930年左右，红火蚁通过亚拉巴马州的莫比尔港偶然进入美国，有可能是藏在船内的压舱土中传入的，自那以后就传播开来。在得克萨斯州，1950年以来，红火蚁传播到了得克萨斯州北部、西部和南部。目前，它们侵入了得克萨斯州东部2/3的地方，以及得克萨斯州西部的一些郊区。它们已经遍布新墨西哥州东部（多纳安娜郡）和西部，并且已经跨越里奥格兰德河进入新墨西哥州北部。在北部，它们已经抵达俄克拉何马州中部，在该地是否能生存下去，取决于冻土温度条件。寒冷的冬天会使它们退回原地。向西部的蔓延主要依赖于地表水或地下水。但是，在人类的协助之下，它们已经开始入侵加利福尼亚州部分地区，主要在市区、溪流底部和灌溉地发现了红火蚁。

2001年红火蚁入侵了澳大利亚和新西兰，2003年入侵了我国台湾，2004年我国广东吴川发现红火蚁。截至2021年6月，红火蚁分布于南美洲巴拉那河流域阿根廷、玻利维亚、巴西、巴拉圭、秘鲁、乌拉圭等国，北美洲和加勒比海地区安圭拉岛、安提瓜和巴布达、巴哈马、英属维尔京群岛、开曼群岛、哥斯达黎加、蒙特塞拉特、巴拿马、波多黎各、圣基茨和尼维斯、荷属圣马丁、特立尼达和多巴哥、特克斯和凯科斯群岛、美属维尔京群岛，北美洲美国南部的19个州和地区、墨西哥；大洋洲澳大利亚、新西兰；亚洲中国、马来西亚、新加坡、韩国、日本、印度等24个国家和地区。

案例一：红火蚁入侵美国

1930年左右，因为贸易因素，红火蚁通过货轮从南美洲入侵美国南部。美国农业部也曾宣布《红火蚁根除计划》，并通过了《红火蚁苗木处理措施》《红火蚁监测规范》等法律法规，尝试了对着蚂蚁喷沸水、火烧和使用农药等各种手段。但是，红火蚁仍一路向北推进，攻城略地，不断入侵各个地方，成为美国南部人们野餐时最不受欢迎的访客，甚至出现在了美国农业部大楼前的草坪上。现今，红火蚁已经“攻克”了美国3亿英亩*的土地，且依然在美国的大地上持续蔓延（图3-1）。正因为如此，红火蚁在美国人民心中威名赫赫，甚至在科幻大片《蚁人》中，它们也作为蚁人的主要助手出现，更是该电影中最易辨认出来的蚂蚁。同时，由于美国与全世界贸易来往频繁而紧密，红火蚁也随之扩散至全球多个国家和地区。

图3-1　红火蚁在美国发生情况及使用的防治药剂

案例二：红火蚁入侵澳大利亚、新西兰、韩国、日本

2001年，红火蚁经由布里斯班港首次进入澳大利亚，在东南部的昆士兰州大肆繁衍，并蔓延开来。据澳大利亚广播公司（ABC）报道，澳大利亚“国家红火蚁灭蚁计划”的分析报告建议称，利用10年时间，花费3.8亿澳元（约合19.6亿元人民币）来阻止红火蚁快速扩散。同年，新西兰在奥克兰两处贸易港口发现红火蚁入侵为害。

* 英亩为英美制面积单位，1英亩≈4 046.856米^2。——编者注

2018年，据韩国国际广播电台（KBS）报道，韩国釜山、仁川、京畿道平泽港相继出现了红火蚁蚁群，有关部门已启动紧急防疫措施。2019年，据日本共同社报道，日本政府在东京港发现50只以上具有强毒性的特定外来生物——红火蚁蚁后，已在首相官邸召开相关阁僚会议，与环境省等相关省厅共享信息，并确认了旨在防止扩散的对策，未来还将彻底采取措施防止红火蚁从港口入侵。

23.红火蚁在我国的适生区有哪些？

在红火蚁入侵的许多国家和地区，国外相关学者相继应用了入侵红火蚁扩展预测模型、生态生理生长模型、物种分布模型（SDMs）等方法来推测红火蚁可能入侵的范围及其发展趋势。国内，薛大勇等（2005）应用CLIMEX预测红火蚁可在中国20多个省分布；郑华等（2005）对红火蚁在我国的分布状况、潜在危害性、危害对象经济重要性、定殖和扩散的可能性和危险性、管理难度的定性和定量分析，得出风险评估值R=1.861；邓铁军（2011）对广西红火蚁做出科学的综合评价，得出风险评估值R=2.28；陈晓燕等（2014）对红火蚁在云南的入侵风险进行评估，得出风险评估值R=2.25；鲍小莉（2018）对红火蚁入侵安徽沿淮地区的风险做出综合评价，得出红火蚁在安徽沿淮地区风险值R=2.03。

在潜在分布区（适生区）研究方面，龚伟荣（2005）以年有效积温、年平均降水量为参考指标，结合考虑海拔高度，利用地理信息系统ArcGIS 8.3分析了红火蚁在我国的适生分布范围。陈林（2007）通过利用生物气候模型、红火蚁种群动态模型、非参数回归统计模型3种不同的分析预测方法，力求准确预测入侵物种红火蚁在中国的潜在分布范围，并明确红火蚁潜在地理分布与环境因素之间的关系，同时找出在中国大陆地区非适生区限制其分布的影响因素。胡树泉（2008）系统研究红火蚁在福建省的危害情况，从适生区预测、入侵风险评估和经济损失估计3个方面分析了红火蚁对福建省生态经济造成的影响，并提出了应对红火蚁入侵的管理措施。陈浩涛（2010）以高于发育起点温度的有效积温作为决定性因子，以年均降水量和1月−2℃等温线作为限制性因子，应用GIS的Kriging空间插值功能对我国红火蚁的潜在分布区进行了预测，其结果表明，红火蚁在我国的适生性分布情况可以分为高度适生区、适生区、轻度适生区和非适生区4个类型。白艺珍（2011）应用构建的外来入侵物种适生性风险评估技术体系对红火蚁在中国的适生区进行了预测，其结果表明，所选GARP生态位模型和CLIMEX生物气候模型，能较好地拟和实际分布，模型预测的准确性得到很大提高。

应用CLIMEX和GARP模型对红火蚁在中国的适生性研究结果显示，中国南起海南、北到河北，东起东部沿海、西到西北内陆，共25个省（自治区、直辖市）面临红火蚁入侵的可能。红火蚁目前已在广东、广西、福建、江西、四川、海南、云南、湖南、重庆、贵州、浙江、湖北、台湾、香港、澳门分布定殖，上海、安徽、江苏、陕西、河南、山东、甘肃、山西、青海、西藏也有红火蚁发生的可能性，其他省份的温室等地也存在季节性入侵的可能性。在草坪、观赏植物等传播媒介大调大运的今天，红火蚁必将呈现加速扩散、加重为害的态势。对红火蚁扩散趋势的预测结果显示，如果没有切实有效的检疫措施，红火蚁会在今后一段时间内（20年或者30年内）快速扩散，入侵区域将以每年30多个县（市、区）的速度扩大，呈现出由普遍发生区向周围逐步扩大和不断进行较远距离跳跃性入侵相结合的扩散方式。

24. 中国于哪年在何处发现红火蚁？

2003年9月，我国台湾首次报道发生红火蚁。2004年9月，广东省湛江市吴川市报告发现红火蚁（图3-2）。

图3-2 红火蚁在广东吴川的发现地

25. 发现红火蚁后，我国开展了哪些针对性监测工作?

农业农村部全国农业技术推广服务中心（以下简称全国农技中心）积极组织指导各地做好疫情监测工作，组织编写了《红火蚁检疫手册》，明确各地红火蚁发生的高风险地区和高风险物品，划定监测点范围，逐渐连成线、形成面，建成省、市、县三级监测网络。同时，在监测中发现的疑似红火蚁，马上组织鉴定，一旦确认，立即逐级上报。2006年，广东、广西、福建和湖南4个省共设立1 870个监测点，对发生区和高风险地区进行重点调查监测。2007年，全国农技中心起草、农业部发布了《重大植物疫情阻截带建设方案》，决定启动重大植物疫情阻截带建设，在沿海、沿边各省（区、市）布置了3 000个监测点。为进一步提高监测工作的科学性和规范性，全国农技中心于2008年组织制定了《红火蚁疫情监测规程》，各地按照规程要求采取定点与不定点相结合的方式，监测红火蚁发生情况，及时掌握发生动态。

为适应新形势下红火蚁的疫情监测工作，全国农技中心在原沿边沿海阻截带3 000个疫情监测点的基础上，下发《全国农技中心关于报送农业植物检疫性有害生物疫情阻截防控监测点的通知》（农技植保函〔2016〕496号）和《全国农技中心关于加强全国植物疫情监测点工作的通知》（农技植保函〔2017〕187号），在全国重新布局设立了5 000个全国植物疫情监测点，建成了覆盖沿边沿海和内陆疫情重点发生区、发生区周边阻截缓冲区、重要制繁种基地、交通枢纽及沿线和农产品加工集散场所等的疫情监测网络，密切监测红火蚁疫情发生动态。

26. 红火蚁在我国的发生动态如何?

2005年，广东吴川、云浮、河源，广西南宁，湖南张家界，福建龙岩等地发生红火蚁。2006年，广东12个地级市32个县（市、区）发生面积455 715亩，广西4个地级市5个县（市、区）发生面积22 080亩，福建1个地级市2个县（区）发生面积2 680亩，湖南1个地级市1个区发生面积2 000亩。2007年，全国共调查发现多个红火蚁新疫情点，其中，广东3个新疫情点，面积2 900亩，广西1个点，面积500亩，福建1个点，面积6 000亩。2008年，江西首次在赣州龙南、定南和章贡三地发现了红火蚁危害，面积共500亩左右。其他新发疫点包括广东省汕尾市城区、江门市蓬江区和新会区，面积分别为500亩、1 200亩和340亩；福建省厦门市的集美区和湖里区，以及漳州市漳浦县，面积分别为7 920亩和855亩。2009年，疫情在广东、广西、福建、湖南、江西等5个省份28个市73个县（市、区）291个乡镇（道街）发生。2010年，四川省于11月4日首次发现红火蚁，发生面积仅12亩。

2012年，海南省首次发现红火蚁危害，由于当地雨水充足，防控难度较大，当年发生面积即达6.7万亩，涉及7个县（区）。2013年，云南省首次发现红火蚁疫情，涉及县级行政区5个，发生面积2.6万亩。2014年，重庆市首次报告在渝北区发现疫情；湖南省在张家界疫情点根除后，再次报告在武冈市和嘉禾县发现疫情；云南省疫情发生分布县级行政区由2013年的5个增至38个，发生面积由2013年的2.6万亩次增至4.7万亩次，呈快速扩散蔓延态势。2015年，贵州省首次报告在榕江县和从江县发现疫情；广西壮族自治区新增县级发生区7个，全区发生面积14.5万亩；福建省新增疫情发生县级行政区8个，全省发生面积24.6万亩，较2014年增加近9万亩。2016年，新增1个疫情发生省级行政区（浙江省），37个县级行政区（福建13个，广东7个，广西和海南各4个，江西和贵州各3个，浙江、重庆和云南各1个）。2017年，新增疫情发生县级行政区41个（广东7个，广西和云南各6个，贵州5个，四川4个，浙江和江西各3个，福建、海南和重庆各2个，湖南1个），疫情根除县级行政区5个（广东3个，云南2个）。2018年，新增疫情发生省级行政区1个（湖北省），县级行政区63个（浙江3个，福建13个，江西5个，湖北1个，湖南1个，广东2个，广西10个，海南1个，重庆5个，四川3个，贵州18个，云南1个）。2019年，红火蚁在12个省（自治区、直辖市）的383个县（市、区）发生，新增疫情发生县级行政区25个（福建7个，江西5个，浙江4个，贵州3个，海南、广东、重庆各2个），根除疫情县级行政区2个（湖南1个，新疆1个）。2020年，红火蚁在12个省（自治区、直辖市）的414个县（市、区）发生。新增疫情发生县级行政区33个（广东8个，浙江7个，广西5个，江西、福建各4个，云南2个，贵州、湖南、重庆各1个）（表3-1）。

表3-1 全国红火蚁发生情况表（2005—2020年）

年份	发生面积（亩）	发生省份	发生县（个）
2005	36 240	广东、广西、福建、湖南	8
2006	482 475	广东、广西、福建、湖南	40
2007	491 875	广东、广西、福建、湖南	45
2008	553 124	广东、广西、福建、湖南、江西	50
2009	944 936	广东、广西、福建、湖南、江西	73
2010	1 164 628	广东、广西、福建、湖南、江西、四川	89
2011	1 129 539	广东、广西、福建、江西、四川	102
2012	1 527 878	广东、广西、福建、江西、四川、海南	152
2013	1 909 007	广东、广西、福建、江西、四川、海南、云南	169
2014	2 314 855	广东、广西、福建、江西、四川、海南、云南、湖南、重庆	217

（续）

年份	发生面积（亩）	发生省份	发生县（个）
2015	2 559 310	广东、广西、福建、江西、四川、海南、云南、湖南、重庆、贵州	245
2016	2 700 950	广东、广西、福建、江西、四川、海南、云南、湖南、重庆、贵州、浙江	271
2017	3 172 300	广东、广西、福建、江西、四川、海南、云南、湖南、重庆、贵州、浙江	308
2018	4 251 301	广东、广西、福建、江西、四川、海南、云南、湖南、重庆、贵州、浙江、湖北	366
2019	5 350 749	广东、广西、福建、江西、四川、海南、云南、湖南、重庆、贵州、浙江、湖北	383
2020	5 679 849	广东、广西、福建、江西、四川、海南、云南、湖南、重庆、贵州、浙江、湖北	414

27.红火蚁在我国的分布区如何查询?

2004年广东吴川发现红火蚁，经过各级植物检疫机构专项调查，陆续查明红火蚁的疫情发生情况，并逐级上报农业部公布。2005年1月17日，农业部发布第453号公告宣布广东吴川等地发现红火蚁疫情，并将红火蚁列入《中华人民共和国进境植物检疫性有害生物名录》和《全国农业植物检疫性有害生物名单》。2005年4月18日，农业部发布第499号公告，公布了湖南和广西等其他红火蚁发生地区，并向商务部、卫生部、发展改革委、财政部、科技部、建设部、铁道部、交通部、国家质量监督检验检疫总局、国家林业局、国家环保总局、国家民航总局、国家旅游局、中国科学院和中国农业科学院等单位通报了最新红火蚁疫情发生和防控情况。2005年11月22日，农业部发布第574号公告公布在福建龙岩新发现红火蚁疫情，11月28日以办公厅文的形式发布《关于福建省红火蚁发生情况的紧急通报》。2006年，在农业部组织的全国专项普查基础上，农业部发布了包括红火蚁在内的《全国农业植物检疫性有害生物分布行政区名录》，2009年以后每年依据全国疫情监测调查数据，农业部官方发布上一年度的包括红火蚁在内的《全国农业植物检疫性有害生物的分布行政区名录》，明确红火蚁在全国的发生分布情况。

28.红火蚁目前在我国的分布区是哪些?

（1）省级行政区划。截至2021年6月，我国发生红火蚁的地区有广东、广西、福建、江西、四川、海南、云南、湖南、重庆、贵州、浙江、湖北、台湾、香港、澳门。

（2）县级行政区划。截至2021年4月15日，根据农业农村部办公厅关于印发《全国农业植物检疫性有害生物分布行政区名录》的通知（农办农〔2021〕12号），红火蚁在我国大陆地区的12个省（自治区、直辖市），448个县（市、区）分布（表3-2）。

表3-2 红火蚁县级分布行政区名录

省份	分布地
浙江省	杭州市：萧山区 温州市：瓯海区、洞头区、平阳县、苍南县、乐清市、龙港市 绍兴市：越城区 金华市：婺城区、金东区、义乌市、永康市 衢州市：龙游县 台州市：路桥区、仙居县、温岭市、玉环市 丽水市：莲都区、松阳县、景宁县
福建省	福州市：台江区、仓山区、马尾区、晋安区、长乐区、闽侯县、连江县、罗源县、闽清县、永泰县、平潭县、福清市 厦门市：海沧区、湖里区、集美区、同安区、翔安区 莆田市：城厢区、涵江区、荔城区、秀屿区、仙游县 三明市：梅列区、三元区、清流县、宁化县、大田县、尤溪县、沙县、泰宁县、永安市 泉州市：鲤城区、丰泽区、洛江区、泉港区、惠安县、安溪县、永春县、德化县、石狮市、晋江市、南安市 漳州市：芗城区、龙文区、云霄县、漳浦县、诏安县、长泰县、东山县、南靖县、平和县、华安县、龙海市 南平市：延平区、建阳区、顺昌县、松溪县、武夷山市、建瓯市 龙岩市：新罗区、永定区、长汀县、上杭县、武平县、连城县、漳平市 宁德市：蕉城区、霞浦县、古田县、屏南县、福安市
江西省	萍乡市：芦溪县 新余市：渝水区 赣州市：章贡区、南康区、赣县区、信丰县、大余县、上犹县、安远县、龙南县、定南县、全南县、宁都县、于都县、兴国县、会昌县、寻乌县、石城县、瑞金市 吉安市：吉州区、青原区、吉安县、吉水县、安福县 宜春市：上高县、丰城市、樟树市、高安市 上饶市：信州区、广信区、玉山县
湖北省	武汉市：蔡甸区
湖南省	株洲市：茶陵县 邵阳市：武冈市 永州市：零陵区、江华县
广东省	广州市：荔湾区、海珠区、天河区、白云区、黄埔区、番禺区、花都区、南沙区、从化区、增城区 韶关市：武江区、浈江区、曲江区、始兴县、仁化县、翁源县、乳源县、新丰县、乐昌市、南雄市 深圳市：罗湖区、福田区、南山区、宝安区、龙岗区、盐田区、龙华区、坪山区、光明区、大鹏新区 珠海市：香洲区、斗门区、金湾区 汕头市：龙湖区、金平区、潮阳区、潮南区、澄海区、南澳县 佛山市：禅城区、南海区、顺德区、三水区、高明区 江门市：蓬江区、江海区、新会区、台山市、开平市、鹤山市、恩平市 湛江市：赤坎区、霞山区、坡头区、麻章区、遂溪县、徐闻县、廉江市、雷州市、吴川市、湛江经济开发区 茂名市：茂南区、电白区、高州市、化州市、信宜市 肇庆市：端州区、鼎湖区、高要区、广宁县、怀集县、封开县、德庆县、四会市

（续）

省份	分布地
广东省	惠州市：惠城区、惠阳区、博罗县、惠东县、龙门县、大亚湾区、仲恺高新区 梅州市：梅江区、梅县区、大埔县、五华县、平远县、蕉岭县、兴宁市 汕尾市：城区、海丰县、陆河县、陆丰市 河源市：源城区、紫金县、龙川县、连平县、和平县、东源县 阳江市：江城区、阳东区、阳西县、阳春市 清远市：清城区、清新区、佛冈县、阳山县、连山县、连南县、英德市、连州市 东莞市：东莞市 中山市：中山市 潮州市：湘桥区、潮安区、饶平县 揭阳市：榕城区、揭东区、揭西县、惠来县、普宁市、空港区 云浮市：云城区、云安区、新兴县、郁南县、罗定市
广西壮族自治区	南宁市：兴宁区、青秀区、江南区、西乡塘区、良庆区、邕宁区、武鸣区、隆安县、马山县、上林县、宾阳县、横县 柳州市：鱼峰区、柳南区、柳北区、柳江区、柳城县、鹿寨县、融安县、融水县、城中区 桂林市：叠彩区、雁山区、阳朔县、灵川县、平乐县、恭城县、荔浦市 梧州市：万秀区、长洲区、龙圩区、苍梧县、藤县、蒙山县、岑溪市 北海市：银海区、铁山港区、合浦县 防城港市：防城区 钦州市：钦南区、钦北区、灵山县、浦北县 贵港市：港北区、港南区、平南县、桂平市 玉林市：玉州区、福绵区、容县、陆川县、博白县、兴业县、北流市 百色市：右江区、田阳区、田东县、田林县、靖西市、平果市 贺州市：八步区、平桂区、昭平县、钟山县、富川县 河池市：金城江区、宜州区 来宾市：兴宾区、象州县、武宣县、金秀县 崇左市：江州区、扶绥县、凭祥市
海南省	海口市：秀英区、龙华区、琼山区、美兰区 三亚市：海棠区、吉阳区、天涯区、崖州区 儋州市、五指山市、琼海市、文昌市、万宁市、东方市、定安县、屯昌县、澄迈县、临高县、白沙县、陵水县、保亭县、琼中县
重庆市	沙坪坝区、九龙坡区、南岸区、北碚区、綦江区、渝北区、巴南区、江津区、合川区、万盛经开区
四川省	攀枝花市：东区、西区、仁和区、米易县、盐边县 广元市：利州区 凉山州：西昌市、德昌县、会理县、宁南县
贵州省	贵阳市：云岩区、花溪区、观山湖区、清镇市 六盘水市：六枝特区、水城县、盘县 遵义市：仁怀市 安顺市：西秀区、普定县、镇宁县、关岭县 铜仁市：碧江区 黔西南州：兴义市、兴仁市、贞丰县、望谟县、册亨县、安龙县 黔东南州：凯里市、黎平县、榕江县、从江县 黔南州：都匀市、福泉市、荔波县、独山县、平塘县、罗甸县、长顺县、惠水县、三都县

（续）

省份	分布地
云南省	昆明市：西山区、东川区、呈贡区、宜良县、石林县、禄劝县、安宁市 曲靖市：麒麟区 玉溪市：红塔区、澄江市 丽江市：华坪县 普洱市：思茅区、宁洱县、墨江县、景谷县、镇沅县、澜沧县 临沧市：临翔区、凤庆县、云县、镇康县、双江县、耿马县、沧源县 楚雄州：楚雄市、永仁县、元谋县、武定县 红河州：个旧市、开远市、蒙自市、弥勒市、建水县、石屏县 文山州：文山市、砚山县、丘北县、广南县、富宁县 西双版纳州：景洪市、勐海县、勐腊县 德宏州：瑞丽市、芒市、梁河县、盈江县、陇川县

29.红火蚁在我国当前的发生情况和特点是什么?

由于传播渠道多、扩散能力强，加之气候条件适宜，缺乏自然天敌等因素，红火蚁在我国的发生分布区域持续增多，当前红火蚁发生总体呈现3个特点。

一是扩散速度加快。从发生分布县和面积看，2004—2008年入侵初期年均新增5个县、13.8万亩，2009—2014年年均新增10个县、35.2万亩，2015年以来年均新增30个县、56.0万亩，呈现从低速扩散到快速蔓延的趋势，年度发生情况见图3-3。

二是总体偏轻发生。按照红火蚁发生分级标准，400个县发生程度为偏轻以下（每亩活蚁巢数≤5个，每亩每诱集瓶诱集工蚁≤10头），占83%，仅6个县为严重发生（每亩活蚁巢数>50个，每亩每诱集瓶诱集工蚁>300头）。部分省份报告确诊或疑似红火蚁咬伤病例，大部分属于轻症，极少数出现致死案例。

三是多地区多生境普遍发生。红火蚁已在广东全部、海南大部、广西中东部、福建中南部、江西南部、云南东部和南部、贵州南部、台湾中北部等区域普遍发生，其余地区为零星点状或局部发生。此外，红火蚁在多种不同生境发生，据初步统计，在农田及农业生活区发生面积占总发生面积的38.3%，在林地及林业作业区占6.1%，公园、绿化带等地占50.1%，其他水利、公路、铁路等地占5.5%（图3-3）。

案例：广东不同生境红火蚁蚁丘分布及影响因素

红火蚁蚁丘的分布特征主要涉及蚁丘的密度、大小、空间分布格局及与所处生境的关系等。红火蚁偏向在光照充足、地势较高的位置建巢；蚁丘大小变化幅度

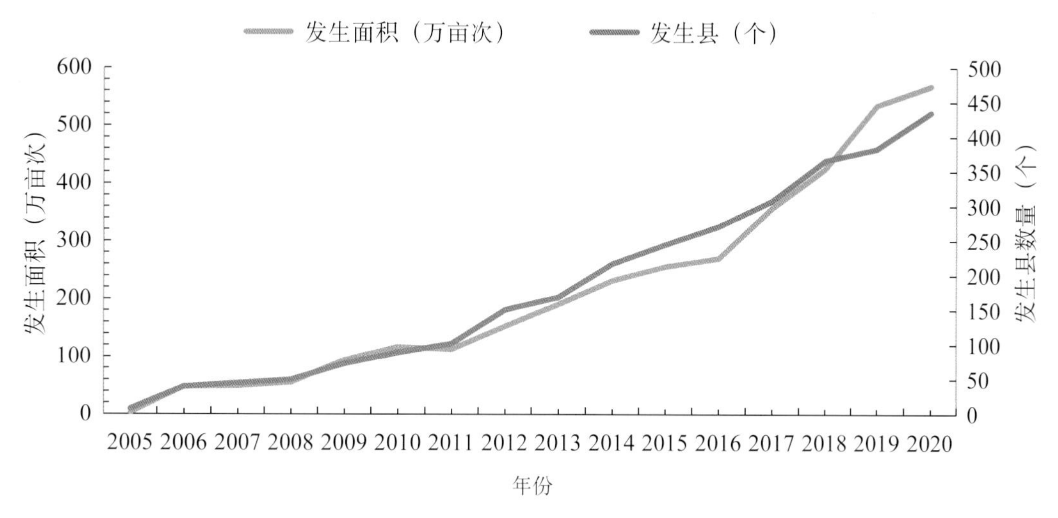

图3-3　红火蚁发生县数量及发生面积

大，深圳市60个红火蚁蚁丘，发现蚁丘高度3 ~ 32厘米，蚁丘基部面积为3 ~ 86厘米^2，不同生境平均密度为每100米^2 0.70个，密度从大到小依次是荒地、花木基地、果园、绿化带、草地、菜地。在吴川市，红火蚁在受到干扰较少的荒地、田埂等地点发生密度高，最高达每100米^2 51.25个，而耕作农田中发生密度低，几乎为零；蚁丘空间上主要呈现随机分布，密度越高，分布越均匀。广州市草坪生境中红火蚁蚁丘空间格局呈现随机分布和均匀分布交替出现，且大部分时间为随机分布。

郭靖等（2020）研究了粤北地区3种生境红火蚁蚁丘分布及影响因素。试验于2019年5月在广东省韶关市浈江区韶关学院校园（24°77′N，113°67′E）及周边进行。选择荒地、田埂和草坪3种生境：其中荒地指已铲除地面植物正进行次生演替的废弃农田，人为干扰较少，荒地原为耕地，2018年8月因政府规划用地而被铲除平整；田埂即田间稍高于地面的狭窄小路，田中种有花生、青瓜、豆角等农作物，部分农田在调查时处于丢荒状态；草坪为校园内物种多样性较单一的人工草坪，草坪草在一年内种植，学校会不定期修剪草坪、浇水及灭虫（本次研究前一次灭虫时间为2018年12月15—16日），人为干扰较多。采用样方方法调查3种生境（荒地、田埂、草坪）红火蚁蚁丘的密度和大小，采用聚集度指标法和Taylor幂函数回归模型对蚁丘的空间分布型进行研究，并对荒地生境蚁丘密度和植物多样性进行相关性分析。结果表明，田埂蚁丘密度明显高于荒地和草坪，高达每100米^2 18.67个，超过草坪生境蚁丘密度的10倍；荒地、田埂和草坪生境蚁丘基部周长相差不明显，但荒地生境蚁巢高度明显高于田埂和草坪。通过聚集度指标和Taylor幂函数来看，荒地和田埂生境蚁丘多表现为均匀分布或随机分布，而草坪生境蚁丘多表现为聚集分布。

30. 红火蚁在各地的发生情况怎样？

红火蚁在各分布省发生情况如下。

（1）广东。广东是我国大陆最早确认红火蚁入侵危害的省份，截至2021年4月底，全省红火蚁发生面积305万亩，范围涉及21个地级市123个行政县，主要分布在农地、道路绿化带、林地果园、草地、公园及旅游景区绿化带、建筑工地、堤坝河边及鱼塘、撂荒或失管地带。其中一级发生水平为153万亩、占比50.8%，二级发生水平为80万亩、占比25.9%，三级发生水平为54万亩、占比17.5%，四级发生水平为13.7万亩、占比4.3%，五级发生水平为4.5万亩、占比1.5%。广东最早（也是我国大陆最早）于2004年在湛江吴川市确认红火蚁入侵危害，2005年广州、深圳、佛山、东莞、惠州等市近30个行政县（区）相继确认发生疫情，随后每年新增3 ～ 5个疫情县，近5年新增18个行政县，疫情面积增长108万亩。广东光温条件特别适宜红火蚁生存繁殖，危害形势仍较严峻，阻截防控任务依然艰巨，尤其是粤东的汕头、潮州、梅州、河源和粤西的湛江、茂名等红火蚁资金物资投入不足的局部地区，疫情存在进一步扩散的风险。

（2）广西。广西红火蚁累计发生面积达91.07万亩次，发生面积为67.94万亩。按不同发生生境分类，农田及农业生活区27.17万亩，占发生面积的40%；林地及林业作业区23.1万亩，占发生面积的34%；公园和绿化带5.33万亩，占发生面积的7.8%；水利工程和河流湖库周边绿化区域1.08万亩，占发生面积的1.6%；公路交通线路两侧用地范围以内绿化带2.62万亩，占发生面积的3.9%；铁路线路两侧地界以内绿化带0.69万亩，占发生面积的1%；其他7.95万亩，占发生面积的11.7%。广西红火蚁发生程度为轻发生、局部中等发生，一级41.06万亩，占发生面积的60.43%；二级20.63万亩，占发生面积的30.36%；三级4.23万亩，占发生面积的6.24%；四级1.75万亩，占发生面积的2.57%；五级0.27万亩，占发生面积的0.4%。截至目前广西红火蚁发生区共86个，约占总行政区的80%，其中2021年新增红火蚁发生区12个，分别是三江县、宁明县、龙州县、兴安县、临桂区、永福县、港口区、都安县、象山区、大新县、上思县、七星区。

当前红火蚁疫情在广西有3个特点：一是红火蚁传播蔓延呈加快趋势。2010年以前全区红火蚁发生区仅10个县（市、区），2010年开始广西红火蚁发生区个数增长较快，尤其是2021年上半年就新增发生区12个。二是发生区生境已变得更加多样化和复杂化。据统计，当前红火蚁的发生区域，农区约占40%，林区约占34%，城市公共绿地、公园、街道、公路、铁路绿化带，以及新建住宅、办公和工业园绿化区域等约占26%。三是传播蔓延途径以调运绿化植物为主。随着各地经济的快速发展，道路交通的方便快捷，新建公园、绿地逐年增多，种苗和草皮等绿化植物的区域性调运频繁，调查分析显示，近10年，广西红火蚁新发生区大多是因为从疫情发生地调入绿化草皮、绿化树木而造成疫情传入。四是红火蚁发生区点多面广，总体发生较轻，局部地区偏重。五是部分原发生区疫情扩散蔓延较快，发生面积进一步扩大。经过防控，一些已经根除的疫点，在短短几年后又重新复发。近两年新发生区域不断向农村、农田扩散，农区发生面积增长加速。

（3）福建。福建于2005年9月在龙岩市上杭县首次发现红火蚁，之后红火蚁逐渐扩散，截至2021年6月，全省9个设区市与平潭综合实验区的72个县（市、区）发现红火蚁，发生面积55.12万亩，其中农田农村28万亩、公园绿地8.87万亩、公路6.01万亩、林地0.47万亩、水库1.3万亩、城市社区2.33万亩、建筑工地2.84万亩、荒地4.78万亩、其他0.51万亩，总体发生程度为二级。福建省红火蚁疫情呈现“南重北轻”的态势，即厦门、漳州、泉州、莆田、平潭等地较为严重，三明、南平、龙岩、宁德等地相对较轻。总体上看，按现有技术手段，红火蚁总体可防可控，但主要问题在传播渠道难以阻断，特别是福建省因城市园林建设、交通道路绿化需要，每年都从周边省（自治区）红火蚁疫情较重发生区大量调进绿化苗木、草皮，疫情传入与扩散仍会持续一段时期。

（4）江西。江西于2008年在赣州龙南、定南和章贡首次发现红火蚁入侵，近几年来，全省每年平均新增红火蚁疫情发生县区3～5个，2021年尤为严重，目前已新增红火蚁发生区9个，蔓延危害态势已非常明显。截至6月底，全省10个设区市、248个镇（乡、街道、管委会、新区）已发现红火蚁，发生面积49.18万亩，其中公园和绿化带、农田及农业生活区、林地及林业作业区分别占42.9%、42.2%、2.3%，其他占12.6%。其中，红火蚁危害程度为一级的32.3万亩，占65.7%；危害程度为二级的13.0万亩，占26.4%；危害程度在三级及以上的3.9万亩，占7.9%。截至6月底，在江西省泰和县、万安县、崇义县、柴桑区、贵溪市、九江市、乐平市、铅山县、峡江县等9个县（市、区）新发现红火蚁疫情。红火蚁的扩散主要有人为扩散和自然传播两种，通过对9起新发疫情进行现场诊断，发现红火蚁在江西省的发生传播主要属于人为扩散，即违规调入未经检疫的园林绿化植物和草皮。造成红火蚁人为扩散最主要的原因是源头把控不严。各地城市建设以及道路、高速公路、铁路两边绿化带建设所需绿化草皮、苗木没有经过任何检疫处理措施即调入定植，是造成疫情多点开花、大面积发生的最主要原因。而城市土地开发建设，将没有经过除害处理的受红火蚁侵染的土壤、杂草、城市垃圾等从城市搬迁到城郊或农村，是疫情在疫区快速扩散的又一重要因素。截至2021年6月底，全省红火蚁防控面积28.9万亩，其中城区公园和绿化带防治面积14.5万亩，农田及农业生活区防治面积13.1万亩，其他防治面积1.3万亩。通过积极防控，吉安市安福县连续3年未监测到红火蚁；新余市渝水区、赣州市宁都县和会昌县红火蚁发生面积和发生程度都有不同程度的下降。

（5）四川。四川省最早于2010年在攀枝花市盐边县发现红火蚁，目前已在攀枝花市、泸州市、绵阳市、广元市、达州市和凉山州等6个市（州）14个县（市、区）发生。全省发生面积约25万亩，其中攀枝花市和凉山州发生面积24.9万亩、占99.4%；在农业生产生活区、城乡和水利设施绿化带发生约19万亩，林地等其他区域发生约6万亩；总体发生程度为中轻度，叮咬伤人事件时有发生，但未出现过敏性休克及致死事故，也未出现大面积农林地弃耕弃管。红火蚁在四川呈现“局部地区扩散加速、其他地区传入风险加剧”的趋势。由于气候环境条件适宜，红火蚁在攀枝花市和凉山州通过婚飞、水流、分巢等自然途径扩散加速，已蔓延至9个县（市、区）的54个乡镇（林场），面积增至18万亩，且部分地区活蚁巢数量较多，处于暴发增长期。根据风险分析，四川省大部分市（州）均为红火蚁适生区，2020年以来，已在广元市利州区、泸州市龙马潭区、绵阳市安州区和达州市渠县等4个县（市、区）发现零星点状疫情，总发生面积为2 311.5亩，疫情随带土苗木和草坪草等高风险物品调运，进一步传入扩散危害的风险高。

（6）海南。海南当前红火蚁发生面积23.52万亩，其中农田及农业生活区23.04万亩、林地及林业作业区2 400亩、公园和绿化带等150亩、其他2 300亩（高速公路绿化带）。农田及农业生活区发生程度二至三级，林地及林业作业区二至四级，部分高速绿化带三至四级。2021年以来无市（县）新增发生红火蚁危害，除乐东、昌江2个市（县）外，其余16个市（县）均有红火蚁发生。三亚市对每个发生点都进行了准确定位。各市县农技部门经过购买第三方服务、发放药剂组织群众群防群治和自防自治的方式开展防控工作，目前累计防控 46.9万亩次，农区防控45万亩次，全省统防统治区域发生程度明显降低至一级或以下，防治后蚁巢减退率达92%，防治区域无兵蚁活动痕迹，红火蚁发生和蔓延态势得到缓解，防控工作取得明显成效。经过防控，东方2021年连续监测未发生红火蚁，三亚、文昌、屯昌、保亭、陵水红火蚁发生面积下降或持平。

（7）云南。云南省红火蚁疫情最早发生于2013年10月，发生地点为楚雄州元谋县高速公路绿化带，近年来随草坪草、苗木绿化、建筑材料等物品调运传播扩散，主要分布在园林绿化带和部分农地。据云南省农业农村部门统计，截至2019年底，云南全省有11个州（市）37个县（市、区）农地发生红火蚁，主要分布在地埂、沟边、荒地，发生面积31万亩（其中重度发生面积3.4万亩），比2017年增长36%，疫情呈增长态势，部分地区出现红火蚁咬伤人员事件。据统计，全省农地（田）发生红火蚁的行政区有11个州（市）40个县（市、区），发生面积是19.79万亩，其中，轻度发生面积18.62万亩，重度发生1.17万亩，防治面积21.39万亩次。

（8）湖南。截至2021年6月底，湖南红火蚁分布范围已涉及7市（州）、12县（市、区），发生面积33 898.6亩，其中农区发生面积约2.5万亩。2021年以来有9

个县新发现红火蚁发生，传入形势严峻。通过调查，疫情绝大多数都是由城建、园林绿化工程带土苗木、草皮调入传入。“十三五”期间，湖南各地在开展城市建设、人居环境改善等工作时调入了大量绿化花卉苗木。随着城镇化水平提高和乡村建设工作的推进，绿化花卉苗木调入量将会进一步加大。虽然各地在加大对带土苗木花卉的检疫力度，但由于检疫覆盖面积大、涉及部门多、红火蚁随带土苗木传播的方式非常隐蔽等原因，检疫监管存在漏洞，若不对苗木产地进行有效把控，很有可能还会在各地继续发现新的疫点。从全省看，现有的12个发生县中，除永州江华县以外，其余县发生面积都在2 000亩以下，有5个县的发生面积在50亩以下，说明湖南监测工作到位，红火蚁多在传入初期就被发现，只要防控措施得力，完全可以根除大部分疫情发生点。但随着城镇化进程加快，各类带土苗木调运量快速增加，加上邻省区域间的疫情扩散蔓延，湖南红火蚁监测防控难度相应加大，红火蚁疫情将持续存在。

（9）重庆。重庆红火蚁实际发生总面积为2 312.8亩，其中发生在农田及农业生活区304亩、公园及绿化带358.8亩、机场1 650亩；按照危害程度等级分类，一级有1 836.8亩，占总发生面积的79.4%，二级有258亩，占总发生面积的11.2%，三级有214亩，占总发生面积的9.3%，四级有4亩，占总发生面积的0.2%。2021年铜梁、大足、石柱、巴南等4个区（县）首次监测到红火蚁疫情，荣昌红火蚁铲除验收后再次发现。新发区（县）红火蚁疫情大部分由绿化带或草坪植物带入，存在由绿化区域向农业区域扩散的情况。目前红火蚁发生区域均进行了有效防治，防治总面积为3 161亩次（农业防控面积1 154亩）。2021年以来綦江、南岸两个区县连续4个月以上未监测到红火蚁；北碚区、渝北区等4个区（县）防控效果显著，实际发生面积减少，危害程度下降；綦江、南岸、渝北等3个区（县）部分红火蚁疫情发生点着手铲除验收工作。

（10）贵州。2015年至今，贵州先后在9市（州）36个县（市、区）发现红火蚁疫情。2021年新发生红火蚁疫情为4个县。通过防控，其中6个县2021年未监测到红火蚁发生。截至目前共有30个县（市、区）、90个乡（镇）发生红火蚁疫情，面积1.93万亩。其中，公路绿化带0.62万亩，农地0.53万亩，公园0.3万亩，属一至二级轻度发生。发生区主要集中在城区周边的公园、街道绿化带和农地中，未发现红火蚁伤人等较大危害情况。总体来看，目前贵州省红火蚁疫情可防可控。截至6月23日，贵州农业农村部门累计调查1 136个乡镇（街道办事处）、9 162个村，调查面积320.72万亩，建立固定监测点472个。开展红火蚁防治面积2.2万亩，发生区全面完成防治1次，平均防治效果在80%以上。有6个县通过防控已有1年以上未再次发生红火蚁疫情。

贵州红火蚁疫情主要有4个特点：一是发生面积小，呈零星点状分布。目前全国红火蚁发生面积500多万亩，贵州发生面积仅占全国3%，23个县发生面积在500

亩以下，呈零星点状分布。二是发生程度总体轻，局部重。红火蚁一般发生密度为每100米^{2}0.01～0.42个蚁巢，属轻度发生。但兴义、榕江局部发生地块红火蚁的最高发生密度达每100米^{2}15个蚁巢，属五级严重发生。三是疫情多为省外传入。2015年以来，每年都有新增红火蚁疫情发生县。调查发现，红火蚁多随省外调运苗木、草坪传入。四是呈扩散态势。随着气温升高，红火蚁活动、婚飞逐渐活跃，6月以来，红火蚁发生面积增长0.32万亩。

（11）浙江。2016年，浙江首次在金华市婺城区罗店镇发现红火蚁疫情，至今陆续在杭州市萧山区，宁波北仑区，温州市瓯海区、龙湾区、洞头区、乐清市、平阳县、苍南县、龙港市，绍兴市越城区，金华市婺城区、金东区、永康市、义乌市，衢州市龙游县，台州市路桥区、黄岩区、温岭市、临海市、玉环县、仙居县，丽水市莲都区、松阳县、景宁县等8个市24个县（市、区）发现42个疫点，涉及37个乡镇（街道），其中2021年发现新疫点7个，涉及5个县（市、区），累计发生面积为12 076.79亩。截至7月10日，杭州萧山1个疫点，温州瓯海区4个疫点，洞头区2个疫点，绍兴越城区1个疫点，永康市2个疫点，金华婺城区1个疫点，金东区2个疫点，丽水莲都区1个疫点，共计14个疫点通过根除验收。另外乐清、温岭、仙居和松阳4个疫点基本铲除，转入监测及防效跟踪阶段。尚在防治中的疫点有24个，涉及15个县、21个乡镇，面积为4 923.69亩，其中298亩危害程度为三级，其余均为一级。从发生生境区分，农田及农业生活区743亩，林地及林业作业区1 235亩，公园和绿化带2 582.8亩，其他荒地等区域362.89亩。2021年以来，开展红火蚁监测调查17.94万亩次，新发红火蚁疫点8个，涉及6个县级行政区，分别为宁波市北仑区、温州市龙湾区、台州市路桥区、黄岩区、玉环区、临海市。新发疫情具有如下特点：一是疫情呈点状暴发态势。2021年以来，尤其是农业农村部等九部委《关于加强红火蚁阻截防控工作的通知》下达后，仅上半年就发现6个新增疫情发生县级行政区，较前几年大幅增长，呈点状暴发态势。二是沿海地区分布较广。从发生分布情况来看，温州、台州大部分沿海地区发现红火蚁疫情，相对内陆地区发生分布较广。三是发生生境基本相同。2021年发现的红火蚁疫点主要发生在苗圃、林地、新建景区或学校绿化带、公园等，而且均为近几年新建或在建项目区域。四是输入方式大体一致。根据工蚁数量、蚁巢密度、大小和发生生境判断，2021年发现的8个红火蚁疫点均是通过草皮、苗木等带土植物调运而带入，尤其是铁树以及大型棕榈科植物等（亚）热带植物调运带入情况较多。如台州是路桥区2个疫点、宁波市北仑区疫点、临海市疫点等均为铁树、棕榈树和椰子树调运传入。

（12）湖北。湖北仅在武汉市蔡甸区、钟祥市两地发现有红火蚁，发生区域集中在观赏园林、新建小区草坪等地，调查分析发现，均是通过园林企业从南方省份引进的海枣树、椰子树、棕榈树、三角梅等植物调运携带传播。2018年10月，首次在武汉市蔡甸区玉贤街前进村林业地发现红火蚁，发生面积约100亩。2014年该地从海南引进一批海枣树，现场发现海枣树旁红火蚁巢体比较密集，疫情中心区20亩面积范围内危害程度为五级。2019年5月底在武汉市蔡甸区大集街花博汇景区和世茂龙湾小区共发现红火蚁疫情1 397亩，程度较轻，发生区域集中于景区、住宅小区绿化及草坪、荒地等。2021年5月，钟祥市植检站在钟祥市大口国家森林公园汇源农谷生态农业体验园发现红火蚁，发生区内有大小不一的蚁巢165个，主要集中在景区绿化带及周边，发生程度为二级，发生面积40亩左右。在红火蚁发生区，玉贤街前进村林地农民在挖鱼塘时，被一种蚂蚁咬伤，出现呼吸困难、身上多处红肿症状。根据走访群众，玉贤街前进村曾多次发生红火蚁伤人事件，其中两人伤势严重，曾住院治疗。在钟祥市汇源农谷生态农业体验园，也有多名绿化工人和管理人员被红火蚁叮咬，程度较轻。通过对红火蚁发生情况进行实地勘验，发现当地蚁巢数量已经比较密集，且有婚飞蚁出现，表明该地区红火蚁巢体已经成熟，已经定殖并可以传播蔓延。湖北周边的湖南、江西、重庆、陕西均发现红火蚁危害，疫情传入风险极高，加之现在各地新建小区、植物观赏园，大量引进南方树种，红火蚁传入风险增大，随着气温升高，红火蚁逐渐活跃，控制难度将会进一步加大。

31. 红火蚁在我国入侵扩散的原因有哪些？

红火蚁入侵我国并传播扩散的原因既有境外虫源持续输入，也有境内虫源不断传播。从境外输入看，红火蚁可随木材木料、废旧电器等进口货物，集装箱、木质包装等运输材料从境外输入。我国大陆首次报道发生红火蚁的吴川市，最初的发生地点就在从境外输入的垃圾堆放场地周边。据口岸检疫机构统计，2005—2017年，在来源于115个国家（地区）的相关物品中累计截获红火蚁疫情9 023次，2014年以来年均超过1 200批次。从境内传播看，红火蚁在国内远距离传播主要随草坪草、带土花卉苗木调运传播。据农业农村部门监测，2010—2020年新增223个县级发生区，其中128个是由于上述物品调运传播，占57%。红火蚁还可随土壤、堆肥、农耕机具设备、货柜、车辆等传播。除人类活动传带外，红火蚁还能够通过婚飞方式向周边区域扩散，也可在受到扰动时进行分巢或迁巢，或借助水流漂浮传播。

案例一：我国进境口岸截获红火蚁疫情分析

冼晓青等人对2005—2017年全国进境口岸截获红火蚁的情况进行统计分析与梳理，有以下主要研究结果。

年度截获批次上，2005—2017年全国进境口岸累计截获红火蚁疫情共计9 023批次，我国红火蚁疫情截获批次整体呈上升趋势。其中，2005—2013年我国进境口岸截获红火蚁疫情每年均少于800批次；2014—2016年截获批次总数达到峰值阶段，年均超过1 400批次；2016年的截获批次为历年来最多，为1 690批次。

截获国家和地区分布上，我国口岸截获红火蚁的货物来源于世界上115个国家（地区），包括33个欧洲国家、32个非洲国家、25个亚洲国家、10个中美洲国家（地区）、9个南美洲国家、3个大洋洲国家和地区，以及2个北美洲国家。来源于欧洲和非洲国家货物上截获红火蚁总批次占56%以上。就单个国家（地区）而言，来源于美国和泰国的截获批次最多，均超过1 000个批次。共有10个国家总截获批次超过200个，按截获批次从多到少依次为美国、泰国、德国、莫桑比克、澳大利亚、越南、马来西亚、法国、老挝和英国。此外，中国香港、中国台湾总截获批次也超过了200个，其中，中国香港截获批次数量略少于秦国，中国台湾截获批次数量略少于马来西亚。

货物来源上，将检疫业务分为货检、集装箱检疫、木质包装检疫、运输工具检疫、旅检、邮检和其他检疫等7类。货检截获的批次最多，为7 259个批次，占总截获批次的80.5%；集装箱检疫截获787个批次，占8.7%；木质包装检疫截获530个批次，占5.9%；运输工具检疫截获434个批次，占4.8%；旅检和邮检共截获4个批次，分别为2015年深圳市皇岗口岸的邮检（纸标签），2009年深圳、2011年厦门和2013年东莞的旅检（玫瑰和西洋参）。

案例二：近年我国红火蚁等农业植物疫情新发形势分析

植物检疫的目标是控制检疫性有害生物传入、扩散和蔓延。在我国现行的农业植物疫情报告管理制度中，疫情快报最能反映疫情新发情况。为了准确掌握我国农业植物疫情新发动态，王晓亮等人系统整理了2010—2018年全国农业植物疫情快报数据，从时间和空间两个维度分析了我国疫情发生的严峻形势。结果表明，红火蚁在超过10个省份发生，新发省级行政区划范围较大。从县级行政区数量上来看，红火蚁在超过50个县级行政区发生，新发县级行政区范围较大。

四、红火蚁监测

32. 红火蚁监测有无技术标准，其要点是什么？

有，《红火蚁疫情监测规程》（GB/T 23626—2009）。

红火蚁的监测调查需重点明确红火蚁发生分布范围、活蚁巢数量、工蚁密度和危害程度等信息，监测范围及要点如下。

（1）**监测区域**。未发生区，重点监测高风险区域，如连通疫情发生区的交通道路沿线、近年来从红火蚁发生区调入高风险物品（包括草皮等绿化植被、栽培介质、回收废品、运载工具等）的地区，了解红火蚁是否传入。

发生区，重点监测发生疫情的有代表性地块和发生区边缘地带，掌握红火蚁的发生动态和扩散趋势。

（2）**监测地点类型**。重点监测草坪、绿化带、苗圃、果园、荒地、堤坝、垃圾场、废品回收加工厂、高尔夫球场、货场以及可能调入绿化植被、回收废品、木材、肥料等的场所。

（3）**监测时期**。最佳监测时期为气温在20 ～ 32℃的时间段，各地可根据当地气温情况做出相应调整。

（4）**监测方法**。

● 未发生区，以访问调查、踏查为主。

①访问调查。一是访问医务人员、居民等，了解当地是否出现过蚂蚁叮蜇伤人事件；二是向当地农事操作人员及绿化植被维护人员了解，是否看见地面有隆起的蚁巢；三是向当地管理人员了解，近年来是否从红火蚁发生区调入过高风险物品。每个社区或行政村随机访问调查10人以上，记录可疑蚁害发生地点、发生时间。对访问调查过程发现的可疑地点进行重点踏查。

②踏查。结合访问调查结果进行，在调查区域内察看或用铁丝等拨开障碍物观察有无可疑的蚁丘。如有蚁丘，则用铁丝等插入蚁丘5 ～ 10厘米，观察是否有蚁群迅速出巢并表现出攻击行为的情况。采集蚂蚁标本进行现场鉴定或送室内鉴定。

● 发生区，以访问调查、踏查以及诱饵诱集法为主。

以访问调查、踏查为主，明确发生范围监测。

诱饵诱集法，采取诱饵和监测瓶诱集计数，明确发生动态监测。

①诱饵制作及用量。用新鲜的火腿肠作为诱饵，将火腿肠切成约1厘米厚、2厘米直径的片，放入专用或自制的监测瓶中，并固定在地面进行诱集。

②监测瓶放置使用。监测瓶的放置应覆盖发生区内所有村庄或社区，每个村庄或社区在各种类型场所设置3个以上监测点。每个监测点随机放置5个监测瓶，监测瓶应尽量放置在有蚂蚁活动的地方，瓶间相距10米。对于条状的区域（如绿化带）则每10米左右放置1个监测瓶。将监测瓶置于地面30分钟后，收集诱集到的蚂蚁，进行鉴定和计数，必要时制成标本。

33. 如何对红火蚁的发生分布范围进行调查？

在示范区确定时和所有防控任务完成后各调查一次发生分布范围，以人工踏查为主，结合诱捕器诱集进行。人工踏查时，应由红火蚁发生中心区域向外所有方向上做连续踏查，确定最外边的活蚁巢位置。调查结束后将所有最外围的活蚁巢连成一线，其中所包含的区域即为发生区范围。对活蚁巢数量较少、人工踏查有困难的地方，可结合诱捕器诱集，即在示范区内均匀设置工蚁诱捕器，对诱集到活动工蚁的地点周边重点进行人工踏查（图4-1）。

图4-1 红火蚁踏查

案例一：基于 OvitalMap 和 ArcGIS 的红火蚁疫情调查与分析方法

徐倩等人应用奥维互动地图（OvitalMap）开展红火蚁疫情调查，并基于ArcGIS 提出了一种面积统计与密度分析的方法。OvitalMap是基于应用程序接口（API）的跨平台地图浏览器，集成多种知名地图，支持iOS（iPhone、iPad）、Android、Windows、Windows Phone、Web平台，具备可视直观、操作简便、高精度定位、高质量调查等优点。ArcGIS是一款地理信息系统软件，它是当今世界上最完整的GIS系统，具有强大的空间分析能力。运用ArcGIS缓冲向导、提取分析、空间连接等功能，可实现将采集点按设定规律缓冲融合面积，统计密度，分析疫情发生程度。

采用OvitalMap软件（手机版）对福州闽侯县的局部区域开展红火蚁疫情调查，环境类型包含农田、公共绿化带、苗圃、果园、荒地等。在软件上提前制定调查路线，规划每人每日额定调查工作量。对发现的活蚁巢，通过软件定位、拍照活蚁巢，可直接定位后添加采集点标签。开启轨迹记录，可获得采集点经纬度信息、采集点图像以及调查进度等。生成的照片定位标签统一显示为红色水滴，更为可视直观。多人调查时，可相互分享调查数据。

蚁巢采集点和调查轨迹可清晰直观地展现于OvitalMap上，地图层级可达20级。调查区共采集活蚁巢3 073个，农田、果园、荒地、草坪苗圃、建筑工地、道路绿化带等生境均有发生，蚁巢整体沿公路两边带状密集分布，公共道路边缘农田和建筑工地内的荒地采集到的活蚁巢数量大。结果表明，通过OvitalMap可以看出人员活动频繁区域蚁巢密集，人迹罕至之处蚁巢相对稀疏；运用OvitalMap软件可实现对蚁巢的定位采集和数据实时上传，便于了解调查进度；同时，每采集一个点平均仅需10秒，采集点与调查路线可实时显示在地图上，并实现数据共享，避免调查点重复或遗漏，调查效率高。运用ArcGIS实现了面积统计、密度分级和发生程度分级图制作等功能，并可将各发生点的疫情发生程度导入OvitalMap查看。调查区红火蚁发生点共计840个，发生点总面积为562 116.69米^2，采集到蚁巢总数3 037个。其中，疫情发生程度主要为二级（中度）到四级（重度），无一级（轻度）和五级（严重）发生点。二级发生程度的发生面积最大，为283 404.69米^2；其次是三级，发生面积242 393.67米^2；四级发生面积最小，为32 159.54米^2。而采集到的蚁巢数量中，三级＞二级＞四级，分别为1 478个、1 136个、423个。

案例二：基于移动 LBS 服务的红火蚁疫情调查系统构建及在福建平潭的应用

陈宏等人针对红火蚁疫情调查时间紧、数据汇总工作量大、调查分工协作困难等问题，开发基于位置服务（LBS）的红火蚁疫情调查系统，实现红火蚁疫情数据高效采集、调查协同实施、疫情分布展示、数据云端备份等功能。通过定位信息自动采集、预设标准化表格和枚举描述性选项，使调查工作更加方便、规范，有效提高了调查数据的精度，便于进一步分析数据。该调查系统应用于2017年平潭综合试验区红火蚁疫情调查，收集了69 182份红火蚁蚁巢分布数据，平均每人每天调查数据量达到118.26条，调查覆盖平潭主岛11个乡镇，调查成果准确反映了平潭主岛红火蚁疫情发生分布情况。通过与国内同类调查案例比较，运用移动终端的LBS服务开展红火蚁调查能够极大提高调查效率，为红火蚁防控提供精准的决策数据支持。

2017年8—12月，平潭综合实验区农业技术服务中心委托专业防控组织对平潭主岛11个乡镇所辖范围内的所有潜在发生区开展红火蚁疫情调查。调查人员以步行目视踏查为主，结合走访当地居民。根据调查区域的地形环境特点采用适当的踏查方式：农田区域采用一字排开的地毯式踏查；道路园林绿化采用分组按条状线路踏查；居民房前屋后采用分组分区块踏查。针对学校、景区、交通枢纽、货运集散中心等区域，进行重点排查。在调查过程中，调查人员使用"云采集"软件，根据调查区域红火蚁疫情发生情况，按照设定的数据表单，采集疫情数据，并及时将数据上传至福建省农科院数字所的数据服务器。调查要求每一个蚁巢都要进行定位并采集蚁巢大小数据，每条数据都必须带有蚁巢图片，当天上传采集到的数据。

调查结果显示：平潭主岛共发现活蚁巢69 182个，其中40厘米以下蚁巢占85.4%，40厘米以上蚁巢占14.6%。平潭主岛红火蚁危害面积2 826.88公顷，全岛11个乡镇均发现红火蚁。但各乡镇红火蚁危害面积、发生程度以及不同环境类型下红火蚁危害范围都存在较大差异。平潭主岛红火蚁危害主要集中在芦洋乡、岚城乡、中楼乡、北厝镇、流水镇和平原镇，6个乡镇累计红火蚁危害面积占平潭主岛受害总面积的88%，蚁巢数量约占平潭主岛发现的蚁巢总量的97%。

为明确红火蚁在农田、居民地周边和园林绿化3种适生环境下的危害情况，给后续有针对性地防控提供数据支撑，将红火蚁危害范围数据与近期的平潭主岛高清遥感影像进行叠加，通过人工目视判别的方式，确定每个红火蚁危害地块所属的环境类型。分析结果显示：平潭主岛红火蚁危害范围中，农田面积最大，危害面积为2 424.17公顷，其次为园林绿化。居民地周边红火蚁危害面积最小。平潭主岛红火蚁发生程度按危害面积由大到小依次为：一级、二级、三级、四级。其中，一级、二级危害面积占受害总面积的78%，未发现五级疫情发生区域。从空间分布上看，四级疫情都集中在芦洋乡农田区域。

34. 如何进行红火蚁活蚁巢密度（数量）的调查?

蚁巢密度调查采取抽样调查，抽样面积20亩以上。根据示范区具体地形情况，由发生区中心向外在东南西北4个方向或者其他合适的方向上选择具代表性的不同生境，如农田、荒地、林地、房前屋后、绿化带等，每个生境调查3个点以上，每个点面积不小于2 000米^2。无法确定发生区中心的，随机选择具代表性的不同生境。调查方式为人工踏查。当发现疑似蚁巢时，应采用适当方式进行侵扰，观察是否有活工蚁，如有则为活蚁巢，对活蚁巢进行标记。调查结束后应记录调查面积、活蚁巢数量，并用统计方法计算示范区内活蚁巢密度。对发生区蚁巢密度较低的，应进行活动蚁巢数量调查，即示范区全面普查，调查方式同蚁巢密度调查。活蚁巢密度（数量）调查结果作为确定防治效果的指标之一（图4-2）。

图4-2　标记红火蚁蚁巢

35. 如何进行红火蚁工蚁密度的调查？

在每次防治前后各进行一次工蚁密度调查。工蚁密度调查采取诱捕器诱集。结合活蚁巢密度（数量）调查，在抽样区内（或整个示范区内）设置诱捕器，诱捕器用新鲜的火腿肠作为诱饵。将火腿肠切成厚1厘米、直径2厘米的片（可自行把握调整），放入专用或自制的监测瓶中，固定在地面上进行诱集。每个抽样区随机放置10个监测瓶（整个示范区应随机放置100个以上），可按线状放置，也可按栅格状放置。放置30分钟后检查、收集监测瓶中的蚂蚁，进行鉴定和计数，并计算工蚁密度（头/瓶）。工蚁密度调查结果作为确定防治效果的指标之一（图4-3）。

图4-3 工蚁密度调查

36. 如何进行红火蚁危害程度的调查？

在示范区确定时和所有防控任务完成后各进行一次危害程度调查。以人工访问调查方式进行，主要是向当地居民、农事操作人员、绿化植被维护人员、医务人员、社区（行政村）和企事业单位管理人员等了解被红火蚁叮蜇人口数量，以及出现局部红斑、皮疹、全身瘙痒、头晕、发热、心跳加快、呼吸困难、无法说话、胸痛等各类型症状的人口数量，以判断当地红火蚁的入侵对人体健康的危害程度和风险。危害程度调查结果作为确定防治效果的指标之一。

37. 如何确定红火蚁疫情发生程度级别？

根据红火蚁疫情监测调查结果，计算出示范区活蚁巢平均密度和工蚁平均密度，按照以下标准确定红火蚁疫情发生程度级别。该标准适用于多蚁后型红火蚁发生区。

（1）活蚁巢密度分级标准。

一级：轻度发生，平均每亩活蚁巢数为0 ～ 1.0个。

二级：中度发生，平均每亩活蚁巢数为1.1 ～ 5.0个。

三级：中度偏重发生，平均每亩活蚁巢数为5.1 ～ 10.0个。

四级：重度发生，平均每亩活蚁巢数为10.1 ～ 50.0个。

五级：严重发生，平均每亩活蚁巢数大于50个。

（2）工蚁密度分级标准。平均每亩设置10个监测瓶，计算平均数。

一级：轻度发生，平均每监测瓶红火蚁工蚁数量为20头及以下。

二级：中度发生，平均每监测瓶红火蚁工蚁数量为21 ～ 100头。

三级：中偏重发生，平均每监测瓶红火蚁工蚁数量为101 ～ 150头。

四级：重度发生，平均每监测瓶红火蚁工蚁数量为151 ～ 300头以上。

五级：严重发生，平均每监测瓶红火蚁工蚁数量为300头以上。

（3）综合判断。按以上方法进行红火蚁疫情发生程度分级时，如活蚁巢密度级别、工蚁密度级别不一致时以发生较重的级别为准。

五、红火蚁防控

（一）防控技术

38.红火蚁防控目标是什么?

红火蚁防控总体目标是有效遏制红火蚁疫情扩散蔓延，持续压低发生区红火蚁种群密度，避免红火蚁伤人和大面积弃耕。防控策略上，建立“政府主导、属地责任、联防联控”的防控机制，实行“分类指导、分区治理、标本兼治”防控策略，严格检疫监管，重点抓好前沿发生区疫情阻截和原有发生区持续治理。根据红火蚁目前的发生区域和发生程度，实施分类指导、分区治理。对于阻截前沿区，严格实施根除处理，遏止疫情外扩；对于重点防控区，科学开展综合防控，降低发生程度；对于潜在发生区，扎实做好监测预警，严防疫情传入。

（1）**阻截前沿区**。包括浙江、江西、湖北、湖南、重庆、四川等长江沿线省(直辖市)，这些地区红火蚁定殖为害但分布有限。要对新发疫情点采取严格的检疫根除措施，保护未发生地安全，遏制疫情北扩。强化疫情发生区边缘地带监测调查，掌握红火蚁入侵和扩散动态。

（2）**重点防控区**。包括福建、广东、广西、海南等华南省份，以及贵州、云南等西南省份的大部，这些地区红火蚁已广泛定殖，常年发生。要实施综合治理，持续压低红火蚁种群密度，有效降低活蚁巢密度和工蚁密度，严格高风险物品外调，降低疫情发生对农业生产和生态环境的影响。

（3）**潜在发生区**。包括上海、江苏和安徽等省（直辖市）大部，以及陕西、河南省南部等红火蚁适生区域，这些地区尚未发现红火蚁为害，但存在传入风险。要加强绿化带、道路沿线、大型种苗、花卉、草皮交易集散地等高风险区域监测预警，对来自疫情发生区的高风险物品采取严格检疫监管。其他省（自治区、直辖市）也要加强对重点区域的检疫检查，严防疫情随调运远距离传入。

39. 红火蚁防控有无技术标准？其要点是什么？

有。《农药田间药效试验准则（二）第149部分：杀虫剂防治红火蚁》（GB/T 17980.149—2009）和《红火蚁化学防控技术规程》（NY/T 2415—2013）。

红火蚁防控首先要强化检疫监管措施。红火蚁化学防控的首要目标是杀灭蚁后，进而灭除整个蚁群。红火蚁化学防控主要采用新二步防治法，即第一步是全面防治，在红火蚁高密度发生区域全面撒施毒饵，在低密度发生区域局部点状施用毒饵，在蚁巢明显、易到达区域施用粉剂灭巢；第二步是重点防治，在活蚁巢和工蚁分布地点补施毒饵，或者补施粉剂灭治明显蚁巢。红火蚁防控技术要点如下。

（1）**检疫监管**。落实产地检疫制度，在苗木、花卉、草皮等生长期间定期检查种植场地及周边环境中是否有红火蚁出现。严格调运检疫管理，严禁未经检疫的高风险物品调出。加强对公园绿化带、新建绿地、道路沿线的监测调查以及种苗花卉市场检疫检查。一旦发现疫情，根据条件，及时果断采取铲除措施。红火蚁发生区种苗、花卉、草坪（皮）等物品调出前均须经触杀性药剂浸渍或灌注处理至完全湿润。红火蚁发生区垃圾、肥料、栽培介质、土壤等物品调出时须施放颗粒剂进行处理，药剂有效成分占总体积的0.001%～0.002 5%，施药后搅拌均匀并洒水使物品湿润。

（2）**化学防控**。

①防控适期。根据当地气候条件，每年开展2～3次全面防控。第一次防治在春季红火蚁婚飞前或婚飞高峰期进行，第二次防治选择在夏、秋季气候条件适宜时进行。

②防控技术。选择合适的化学药剂，结合以下技术方法开展防控。

A.毒饵诱杀法。将缓效杀虫剂和玉米粒、豆油等蚁类食物引诱材料混合制成毒饵，或者使用配制好的成品蚁药，要点如下。一是点施毒饵。红火蚁发生程度在二级及以下的发生区，可使用点施毒饵法防治单个蚁巢。将毒饵环状或点状投放于蚁巢外围50～100厘米处，对所有可见的活蚁巢进行防治。根据活蚁巢大小和毒饵制剂商品使用说明确定毒饵用量，一般直径在20～50厘米的蚁巢使用商品标签推荐用量的中间值；当蚁巢直径明显大于50厘米或小于20厘米时，增加或减少1/2毒饵用量。二是撒施毒饵。红火蚁发生程度在三级及以上的发生区，可在整个发生区均匀撒施毒饵进行防治。根据活蚁巢密度、诱饵法监测到的工蚁密度和毒饵制剂商品使用说明确定毒饵用量，1公顷面积最低用量是防治单个活蚁巢的推荐用量中间值的100倍左右。三是补施毒饵。根据防控效果，在使用毒饵防控红火蚁2周后，对活蚁巢与诱集到工蚁的地点再次施用毒饵进行防治，慢性毒性的药剂可在3周后补施。在活蚁巢、诱集到工蚁的地点及其附近小区域内采用点施的方法撒施毒饵。

毒饵用量按推荐用量的下限值使用。四是综合施用。在红火蚁严重发生的区域，活蚁巢密度大、分布普遍时可采用防治单个蚁巢和整个区域相结合的综合施用法，并适当加大毒饵用量。

B.药液灌巢法。使用药液灌巢法处理单个蚁巢。将药剂按照其商品使用说明配制成规定浓度的药液。施药时以活蚁巢为中心，先在蚁巢外围近距离淋施药液，形成一个药液带，再将药液直接浇在蚁丘上或挖开蚁巢顶部后迅速将药液灌入蚁巢，使药液完全浸湿蚁巢土壤并渗透到蚁巢底部。根据蚁巢大小确定药液用量，保证充分湿润全部蚁巢。

C.粉剂灭巢法。只能用于防治较明显蚁巢，不适合防治散蚁、不明显蚁丘。在气温高于15℃时使用。施药时先破坏蚁巢，待工蚁大量涌出后迅速将药粉均匀撒施于工蚁身上。使用量根据蚁巢大小和商品使用说明确定，一般直径为20 ～ 40厘米的蚁巢使用推荐用量的中间值，小于20厘米或大于40厘米的蚁巢使用推荐用量的下限值和上限值。应破坏蚁巢地面以上大于或等于1/3的部分（蚁丘），温度越低破坏蚁巢程度应越大。撒药要细致、快速，务必使药粉尽量多地粘到蚂蚁身上，避免在下雨、地面湿润、风力较大时施药。

③施药注意事项。

A.天气条件。应在无风到微风天气情况下使用粉剂。在晴天，气温为21 ～ 34℃或者地表温度为22 ～ 36℃，地面干燥时投放毒饵；洒水后、雨天及下雨前12小时内不能投放。

B.操作。勿将毒饵与其他物质（如肥料）混合使用，并保持毒饵新鲜干燥。使用药液灌巢法时在灌巢前不要扰动蚁丘。

C.安全保护。施药操作人员要做好防护工作，避免被红火蚁蜇伤或农药中毒。在施药区应插上明显的警示牌避免造成人、畜中毒或其他意外。在公共场所、住宅区等人群活动较频繁的发生区域要注意选择使用安全、低毒的药剂，施药时要避开人流高峰，尽量减少对环境的影响。在水源保护区、观光旅游区、文化公园区等使用农药防治红火蚁要注意选择药剂种类，防止对有益生物的杀伤和环境污染。

40.红火蚁检疫过程中用到的现场查验方法是什么？

查验红火蚁疫区即将启运，或自红火蚁疫区调入的草皮、种子、苗木、盆景、介质土、原木、废纸、包装材料、集装箱、交通工具等可能携带红火蚁的物品，在5%～ 20%抽查比例基础上加大抽查比例，对带有栽培介质或土壤的花卉、苗木应100%查验。若发现头胸红褐色、腹部颜色深的蚂蚁，可带回实验室鉴定。红火蚁检疫过程中用到的实验室检测方法是形态学鉴定，将带回实验室的标本，置于体视显微镜下，观察是否符合红火蚁鉴定特征。

41. 如何针对可能携带红火蚁的相关物品开展产地检疫?

在苗木、花卉、草皮等应检物生长期间定期对其及周边环境进行检疫。观察应检物上是否有疑似红火蚁，检查应检物生长的土壤或介质中有无疑似红火蚁、蚁道或蚁巢。调查生产场地周围环境尤其是荒草地、农田、堤坝、路边、河边、草坪、公园、学校、庭院及垃圾堆等，观察是否有疑似红火蚁、蚁道、蚁巢。如发现蚁道，可拨开蚁道收集蚂蚁或者沿蚁道方向寻找到蚁巢后用小铲挖开蚁巢，收集蚂蚁。必要时可使用诱饵诱集（按照疫情监测中工蚁诱集方法）。将诱饵放置在生产场所或者检疫物品表面，30分钟后检查诱饵上是否有疑似红火蚁（图5-1）。

图5-1 产地检疫

42. 如何针对可能携带红火蚁的相关物品开展调运检疫?

在苗木、花卉、草皮等应检物调运前，对其及其携带的土壤或介质、包装材料、运载工具等实施检疫，检疫合格后方可从疫情发生区调出。首先观察应检物品表面有无红火蚁活动痕迹、土壤或介质中有无疑似红火蚁，然后观察枝干、叶片是否有疑似红火蚁，发现可疑现象可用小铲挖开土壤或介质观察是否有疑似红火蚁。针对包装材料等其他物品，应观察运载工具及物品表面是否有疑似红火蚁及活动痕迹，发现蚁道可沿蚁道方向寻找疑似红火蚁或蚁巢，对可疑物品应拆开进行检查。必要时可使用诱饵诱集：10米^{2}面积、1米^{3}体积或者1吨重量应检物设置一个诱饵。30分钟后检查诱饵上是否有红火蚁（图5-2）。

图5-2　调运检疫

43. 如何针对可能携带红火蚁的相关物品开展除害处理？

对确需调出疫区的苗木、花卉、草皮、生产用土壤或介质等物品均须使用触杀作用强的药剂（如氯菊酯、溴氰菊酯、氯氰菊酯、氰戊菊酯等）浸渍或灌注处理。浸渍或灌注时，其栽培土壤或栽培介质均须完全湿润；如果是盆栽，也可以均匀施放毒死蜱颗粒剂、氰戊菊酯颗粒剂、二嗪磷颗粒剂等药剂于栽培介质内（药剂有效成分占栽培介质的0.001%～0.002 5%），施用完后须彻底洒水浇透。垃圾、肥料、土壤等物品调出前施放毒死蜱颗粒剂、氰戊菊酯颗粒剂、二嗪磷颗粒剂等药剂（药剂有效成分占0.001%～0.002 5%），施用完搅拌均匀后彻底洒水浇透。

案例：浙江金华苗木处理技术

浙江金华婺城区红火蚁苗木除害处理技术：对于无土苗木，使用4.5%氯氰菊酯乳油800倍液全面喷雾处理；对于盆栽苗木，使用4.5%氯氰菊酯乳油800倍液浇灌、浇透，同时对全株进行药液喷雾处理；对于地栽苗木，调运前对调运区域内所有可见蚁巢不分大小使用4.5%氯氰菊酯乳油800倍液进行灌巢处理，并对带苗土球进行表面浇灌处理，起苗后再进行全面喷雾处理。为方便群众，2018年婺城区专门在西吴花卉市场安排人员进行除害。至2020年7月31日为止，罗店镇除害处理点累计处理12个村5 730户苗木182.26万株，西吴花卉市场处理苗木101.36万株。金东区澧浦花木城从2019年5月起在各出入口处设置除害处理点，统一对进出车辆上的花卉苗木进行检疫除害，同时配备1辆流动车对出入口遗漏的未除害花卉苗木进行处理，至2020年7月31日为止，完成除害处理花卉449.61万株、草皮48.63公顷。

（二）防控药剂

44. 目前红火蚁登记农药的情况怎样？

截至2021年4月，登记用于红火蚁防治的农药制剂有45种（表5-1），其中饵剂36种，粉剂7种，可湿性粉剂1种，乳油1种。制剂采用的有效成分包括茚虫威（indoxacarb）、高效氯氰菊酯（beta-cypermethrin）、氟蚁腙（hydramethylnon）、呋虫胺（dinotefuran）、多杀霉素（spinosad）、毒死蜱（chlorpyrifos）、吡虫啉（imidacloprid）、氟虫腈（fipronil）等8种，其中，根据农业部公告第1157号，氟虫腈禁止在所有农作物上使用（玉米等部分旱田种子包衣除外）。

表5-1 登记用于红火蚁防控的农药（截至2021年4月）

编号	登记证号	剂型	名称	有效日期	有效成分含量（%）	用药量（克/巢）	施用方法
1	WP20190017	饵剂	杀蚁饵剂	2024-6-13	茚虫威0.05	20～25	撒施
2	WP20190016	饵剂	杀蚁饵剂	2024-6-13	茚虫威0.5	2～3	撒施
3	WP20180142	饵剂	杀蚁饵剂	2023-7-23	茚虫威0.08	15～20	撒施
4	WP20180141	饵剂	杀蚁饵剂	2023-7-23	呋虫胺0.1	25～35	饱和投饵/撒施
5	WP20180070	饵剂	杀蚁饵剂	2023-4-17	茚虫威0.045	20～25	环状撒施于蚁巢附近
6	WP20180045	粉剂	杀蚁粉剂	2023-2-8	茚虫威0.2	30～40	投放
7	WP20180028	饵剂	杀蚁饵剂	2023-2-8	茚虫威0.05	20～25	投放/环状撒施于蚁巢附近
8	WP20180005	饵剂	杀蚁饵剂	2023-1-14	氟蚁腙0.98，多杀霉素0.02	25～50	环状撒施于蚁巢附近
9	WP20170153	饵剂	氟蚁腙	2022-12-19	氟蚁腙1	15～20	撒施
10	WP20170149	饵剂	杀蚁饵剂	2022-12-19	氟蚁腙1	15～30	投放
11	WP20170117	饵剂	杀蚁饵剂	2022-9-18	氟蚁腙0.73	20～25	投放
12	WP20170102	饵剂	杀蚁饵剂	2022-9-18	氟蚁腙1	15～20	撒施
13	WP20170083	粉剂	杀虫粉剂	2022-8-21	高效氯氰菊酯0.2	10～20	撒施
14	WP20170064	饵剂	杀蚁饵剂	2022-7-19	茚虫威0.1	15～20	投放/环状撒施于蚁巢附近
15	WP20170057	饵剂	杀蚁饵剂	2022-7-19	氟蚁腙1	—	投放
16	WP20170050	饵剂	杀蚁饵剂	2022-5-31	茚虫威0.05	—	投饵
17	WP20170032	粉剂	杀虫粉剂	2022-4-10	氟蚁腙0.5	15～20	撒施

（续）

编号	登记证号	剂型	名称	有效日期	有效成分含量（%）	用药量（克/巢）	施用方法
18	WP20160031	饵粒	杀蚁饵剂	2026-4-26	茚虫威0.045	4～6	环状撒施于蚁巢附近
19	WP20160024	饵剂	杀蚁饵剂	2026-2-28	茚虫威0.05	—	环状撒施于蚁巢附近
20	WP20150113	饵剂	杀虫饵剂	2025-6-26	氟蚁腙0.05，吡虫啉2	40～60	投放
21	WP20150024	粉剂	杀虫粉剂	2025-1-15	高效氯氰菊酯0.25	15～25	撒施
22	WP20140238	饵剂	杀蚁饵剂	2024-11-15	氟蚁腙1	15～20	投放
23	WP20140218	饵剂	杀蚁饵剂	2024-8-27	茚虫威0.1	10～20	投放
24	WP20140140	饵剂	杀蚁饵剂	2024-6-17	氟蚁腙0.73	—	投放
25	WP20140049	饵剂	杀蚁饵剂	2024-3-6	多杀霉素0.015	—	投饵
26	WP20130203	饵剂	杀蚁饵剂	2023-9-25	氟蚁腙1	15～25	投放
27	WP20100020	饵剂	杀虫饵剂	2025-1-14	吡虫啉2.15	20～30	投放/环状撒施于蚁巢附近
28	WP20090235	粉剂	杀虫粉剂	2024-4-16	高效氯氰菊酯0.1	10～20	撒施
29	WP20090020	粉剂	杀虫粉剂	2024-1-8	高效氯氰菊酯0.6	10～20	环状撒施于蚁巢附近
30	WP20080048	可湿性粉剂	高效氯氰菊酯	2023-3-4	高效氯氰菊酯8	8.3～16.7	淋灌法
31	PD20121316	乳油	吡虫·毒死蜱	2022-9-11	吡虫啉5，毒死蜱40	20～50	灌穴
32	WP20200032	饵剂	杀蚁饵剂	2025-9-17	茚虫威0.1	15～25	投放
33	WP20200047	饵剂	杀蚁饵剂	2025-8-20	茚虫威0.15，氟蚁腙1.45	15～20	投放
34	WP20200031	饵剂	杀蚁饵剂	2025-7-23	茚虫威0.045	15～20	投放
35	WP20200033	粉剂	杀虫粉剂	2025-9-17	高效氯氰菊酯0.6	20～30	撒施
36	WP20200021	饵剂	杀蚁饵剂	2025-4-15	氟蚁腙1	15～30	投放
37	WP20180003	饵剂	氟虫腈	2023-1-14	氟虫腈0.05	10～20	撒施
38	WP20170120	饵剂	杀虫饵剂	2022-10-17	氟虫腈0.05	20～25	撒施
39	WP20160089	饵剂	杀蚁饵剂	2021-12-16	氟虫腈0.05	20～30	环状撒施于蚁巢附近
40	WP20160068	饵剂	杀蚁饵剂	2021-8-30	氟虫腈0.3	—	环状撒施于蚁巢附近
41	WP20160058	饵剂	氟虫腈	2021-7-27	氟虫腈0.05	—	环状撒施于蚁巢附近
42	WP20160054	饵剂	杀蚁饵剂	2021-7-27	氟虫腈0.05	20～25	环状撒施于蚁巢附近
43	WP20150202	饵剂	杀蚁饵剂	2025-9-23	氟虫腈0.05	5～10	环状撒施于蚁巢附近
44	WP20150098	饵粒	杀虫饵粒	2025-6-11	氟虫腈0.05	—	环状撒施于蚁巢附近
45	WP20130217	饵剂	杀蚁饵剂	2023-10-24	氟虫腈0.05	—	撒施

资料来源：中国农药信息网http：//www.icama.org.cn/。

45. 目前防控红火蚁的登记农药有效成分的特性分别是什么？

目前登记在红火蚁上的农药有效成分包括茚虫威（indoxacarb）、氟蚁腙（hydramethylnon）、高效氯氰菊酯（beta-cypermethrin）、呋虫胺（dinotefuran）、多杀霉素（spinosad）、毒死蜱（chlorpyrifos）、吡虫啉（imidacloprid）、氟虫腈（fipronil）等8种。其主要作用机理及特性如下。

（1）**茚虫威**。具有独特的作用机理，其在昆虫体内被迅速转化为N-去甲氧羰基代谢物（简称DCJW），由DCJW作用于昆虫神经细胞失活态电压门控钠离子通道，不可逆阻断昆虫体内的神经冲动传递，破坏神经冲动传递，导致害虫运动失调、不能进食、麻痹并最终死亡。具有触杀和胃毒作用，对各龄期幼虫都有效。药剂通过接触和取食进入昆虫体内，0 ～ 4小时内昆虫即停止取食，随即被麻痹，昆虫的协调能力会下降（可导致幼虫从作物上落下），一般在药后24 ～ 60小时内死亡。与菊酯类、有机磷类、氨基甲酸酯类等农药均无交互抗性，对非靶标生物以及有益生物如鱼类、哺乳动物、天敌昆虫包括螨类安全，因此是可用于害虫综合防治和抗性治理的理想药剂品种之一。由于茚虫威毒性低，在施药12小时后，人即可进入施药环境。

（2）**氟蚁腙**。具有胃毒作用，无内吸性，在环境中无生物累积作用，能有效抑制昆虫体内腺苷三磷酸的生成，抑制呼吸代谢。该药剂起效较慢，昆虫取食后一般在24 ～ 72小时内死亡。

（3）**高效氯氰菊酯**。高效氯氰菊酯是一种拟除虫菊酯类杀虫剂，生物活性较高，是氯氰菊酯的高效异构体，具有触杀和胃毒作用。其杀虫谱广、击倒速度快、低残留，杀虫活性较氯氰菊酯高。该药剂通过与害虫钠通道相互作用而破坏其神经系统的功能，达到杀虫目的。该药剂对蜜蜂、鱼、蚕、鸟均为高毒，使用时应注意避免污染水源地、避开蜜源作物开花期、避免污染桑园。

（4）**呋虫胺**。为日本三井公司研发的烟碱类杀虫剂。其与现有的烟碱类杀虫剂的化学结构可谓大相径庭，它的四氢呋喃基取代了以前的氯代吡啶基、氯代噻唑基，并不含卤族元素。同时，在性能方面也与烟碱有所不同，故而，目前人们将其称为“呋喃烟碱”。毒性方面，呋虫胺对哺乳动物十分安全，无致畸、致癌和致突变性。呋虫胺对水生生物、鸟类也十分安全。对蜜蜂安全，并且不影响蜜蜂采蜜。

具有触杀、胃毒和根部内吸性强、速效性高、持效期长达3 ～ 4周（理论持效期43天）、杀虫谱广等特点，且对刺吸口器害虫有优异防效，并在很低的剂量即显示了很高的杀虫活性。主要用于防治小麦、水稻、棉花、蔬菜、果树、烟叶等多种作物上的蚜虫、叶蝉、飞虱、蓟马、粉虱及其抗性品系，同时对鞘翅目、双翅目、鳞翅目、甲虫目和总翅目害虫高效，并对蜚蠊、白蚁、家蝇等卫生害虫高效。

（5）**多杀霉素**。对害虫具有快速触杀和胃毒作用，无内吸作用，对叶片有较强的渗透作用，可杀死表皮下的害虫，持效期较长，对一些害虫具有一定的杀卵作用，能有效防治鳞翅目、双翅目和缨翅目害虫，也能很好地防治鞘翅目和直翅目中某些大量取食叶片的害虫种类，对刺吸式害虫和螨类的防治效果较差。对捕食性天敌昆虫比较安全。目前，还不太清楚其杀虫机理。研究表明它可能通过变构作用激活昆虫中枢神经系统的N型乙酰胆碱受体，也可与γ-氨基丁酸（GABA）门控氯离子通道相互作用。但是与烟碱和吡虫啉不同，它们并不与乙酰胆碱识别位点结合。尽管多杀霉素对N型乙酰胆碱受体具有持久的活性，但是对脊椎动物乙酰胆碱受体的作用实际上与对害虫相比有明显的选择性，因此，它对脊椎动物很安全，对植物也安全无药害。适合于蔬菜、果树、大田作物使用。杀虫效果受下雨影响较小。因杀虫作用机制独特，目前尚未发现与其他杀虫剂存在交互抗药性的报道。

（6）**毒死蜱**。毒死蜱是乙酰胆碱酯酶抑制剂，属硫代磷酸酯类杀虫剂。抑制体内神经中的乙酰胆碱酯酶AChE或胆碱酯酶ChE的活性而破坏了正常的神经冲动传导，引起一系列中毒症状，进而异常兴奋、痉挛、麻痹、死亡。目前已禁目在蔬菜上使用。

（7）**吡虫啉**。烟碱类超高效杀虫剂，具有广谱、高效、低毒、低残留，害虫不易产生抗性，对人、畜、植物和天敌安全等特点，并有触杀、胃毒和内吸等多重作用。害虫接触药剂后，中枢神经正常传导受阻，使其麻痹死亡。产品速效性好，药后1天即有较高的防效，持留期长达25天左右。药效和温度呈正相关，温度高，杀虫效果好。主要用于防治刺吸式口器害虫。

（8）**氟虫腈**。一种苯基吡唑类杀虫剂，属神经作用毒剂，杀虫谱广，对害虫以胃毒作用为主，兼有触杀和一定的内吸作用。主要作用部位为运动神经末梢与肌肉结合点突触，一种神经传导激活剂γ-氨基丁酸（GABA），受体是其作用主靶标，它可能是其竞争剂，阻碍了GABA的氯化物代谢。在正常情况下GABA受体被激活后，使作用部分的氯离子通道打开，氯离子大量进入突触后膜，加强了动作电位极化效应，确保神经系统的正常传导。氟虫腈能导致GABA受体正常功能受阻，致使神经痉挛、麻痹致死。氟虫腈的一大特点是对现有的药剂没有交互抗性，对有机磷类、菊酯类、氨基甲酸酯类杀虫剂已产生抗药性的害虫都具有极高的敏感性，在害虫防治中发挥重要作用。该药对甲壳类水生生物和蜜蜂具有高风险，在水和土壤中降解缓慢。根据农业部公告第1157号，氟虫腈禁止在所有农作物上使用（玉米等部分旱田种子包衣除外）。

46.防控红火蚁不同有效成分药剂的使用方法是什么？

（1）茚虫威。因具有高效低毒的特点被用于防治红火蚁。茚虫威为饵剂或粉剂时采用施撒法。施撒毒饵适宜选择晴天且日间最高温度大于或等于25℃、红火蚁活跃的时间段，施用剂量为每100米^{2}投放0.04%茚虫威毒饵150克，其中20克环状撒施于距离蚁巢0.2 ~ 0.3米处，剩余毒饵均匀撒在整个小区内。该施用剂量对活动蚁巢、工蚁的防效均达100%，施药后30天挖巢检查，无任何虫态的红火蚁存活，蚁群级别降低率为100%，综合防治效果可达100%。目前，该类饵剂已在我国多个省份使用，每100米^{2}施用25克茚虫威杀蚁饵剂防治效果可达96.7%，当较高蚁巢密度时推荐使用0.045%茚虫威饵剂处理，单个蚁巢用量3 ~ 6克，而撒施时按每100米^{2}面积25 ~ 30克用量即可。

（2）氟蚁腙。通常为含量1%的颗粒剂，均匀撒施或每个蚁巢10 ~ 30克，具体施用量视蚁巢大小而定。撒施时首先将称好的毒饵均匀地撒在蚁巢表面，施药前1天及施药后3天无雨，施药时地面干爽，施药后最好覆盖1层稻草，减少日晒雨淋影响药效。施药后7天，活蚁巢防效可达20%，14天后，活蚁巢防效可达80%，在21天内对红火蚁的防效达100%。施药区内应插上警示牌，以避免人畜中毒和施药环境被人为破坏。

（3）多杀霉素。多杀霉素是一种生物源杀虫剂，具有高效、低毒、低残留、对昆虫天敌安全、自然分解快的特点。使用0.015%多杀菌素毒饵颗粒剂防治红火蚁时，应选择在施药地植被露水干后（上午9:00左右）施药，施药时分别在每个蚁丘约50厘米的周缘环状撒施30克毒饵，在蚁丘与蚁丘之间的空旷地带均匀撒施毒饵。撒施药剂时，用枝条拨动植株将药剂抖落到地面，便于红火蚁取食。每100米^{2}施毒饵剂量为120克。施药后25天，工蚁减退率能达到100%，活动蚁巢减退率100%。推荐采用单位蚁巢处理方法，以蚁丘为中心，在10 ~ 30厘米范围内将饵剂进行环形撒施，根据蚁巢大小，每个蚁巢施药量10 ~ 50克。

（4）高效氯氰菊酯。制剂为粉剂时采用撒施粉剂法，粉剂的特点是触杀性制剂黏附到粉末载体上，在工蚁外出活动时黏附药粉且将其带入蚁巢，然后经过工蚁间的接触，粉剂在蚁群中扩散。具体方法为以蚁巢为中心，先撒粉剂形成药圈，然后破坏蚁巢表层，待红火蚁涌出后，快速将粉剂撒施于蚁巢上，让蚁巢接触、黏附药剂。粉剂用量10 ~ 20克/巢，当蚁巢体积较大或较小时，可适当增减用药量。施药后7天，0.6%高效氯氰菊酯杀虫粉剂对蚁巢和活动工蚁的防效均达95.0%以上。制剂为乳油时可采用灌巢法，每个蚁巢浇灌10升的4.5%高效氯氰菊酯稀释液（25毫克/升），药后第5天，蚁巢全部被退灭，减退率高达100%。多数情况下，毒饵诱杀需要与灌巢触杀配合使用，可获得较好防治效果。

（5）吡虫啉。吡虫啉乳油制剂用于灌巢法，将5%吡虫啉乳油用水稀释1 200倍后灌巢，每蚁巢约用40升药水；先在蚁巢周边及表面淋灌1周，再在蚁巢中心及周边用小木棍挖一小洞至蚁巢底，将药液充分淋灌入蚁巢内。灌巢施药7天后蚁巢减退率及虫口减退率均达100%。吡虫啉粉剂可采用撒施法，将10%吡虫啉可湿性粉剂按25克/巢，均匀撒施在蚁巢表面。撒施处理后7天虫口减退率均在90%以上。

（6）毒死蜱。480克/升毒死蜱乳油分别用水稀释100倍后灌巢，每蚁巢约用40升药水；先在蚁巢周边及表面淋灌1周，再在蚁巢中心及周边用小木棍挖一小洞至蚁巢底，将药液充分淋灌入蚁巢内。灌巢施药后7天蚁巢减退率及虫口减退率均达100%。0.05%毒死蜱毒饵采用撒施法，按照10～20克/巢（根据蚁巢大小决定毒饵剂量），将称好的药剂在距蚁巢0.5～1.0米处投放（进行环形撒放），让蚂蚁自由接触毒饵。选择晴天地面干爽时投放，尽量避免阳光直射，在施药区应插上明显的警示牌（卫生灭虫等），避免造成人、畜中毒或其他意外。投放后7天活动蚁巢减退率达100%。

47.防控红火蚁不同剂型使用方法是什么？

（1）饵剂。目前登记用于防治红火蚁的农药中，茚虫威、氟蚁腙、多杀霉素和吡虫啉等成分常被用于饵剂产品。使用时在单个蚁巢周围50～100厘米处将饵剂做均匀的环状投放，每个蚁巢20克左右；若蚁巢连片出现，在此区域适量撒施饵剂。毒饵一般是由药剂与引诱剂组成，主要是用于防治独立蚁巢的红火蚁。工蚁可以将毒饵带到蚁巢内饲喂蚁后，蚁后死亡后，工蚁在蚁巢内还要活动一段时间，一般是几个星期后才死亡。毒饵杀灭速度较慢，但操作方法比浇灌简单，且对环境污染小。在药液浇灌比较困难、人或非靶标生物接触风险比较低以及清除蚁巢不是很紧迫的场所可以使用毒饵。毒饵的有效成分在高温、高湿、阳光直射时很易分解，因此在使用毒饵时要注意以下几点：①尽量在傍晚使用；②除蚁巢外，同时在蚁巢周围要投放一定的毒饵量；③雨后6小时内不要使用毒饵，雨后容易形成向土壤下渗的水滴，毒饵也容易腐败，导致其引诱作用下降，效果降低。

（2）粉剂。目前登记用于防治红火蚁的农药中，茚虫威、氟蚁腙和高效氯氰菊酯等成分常被用于粉剂产品。使用时，先轻拍蚁巢，当红火蚁大量爬出在蚁巢上时，快速将药剂撒在蚁巢上，若蚁巢连片出现，在此区域适量撒施粉剂。例如，高效氯氰菊酯粉剂（含量0.1%）采用均匀撒施法，10～30克/巢，具体施用量视蚁巢大小而定。将称好的粉剂均匀地撒在蚁巢表面，试验投粉剂1次，施粉剂前1天及施粉剂后3天无雨，投粉剂时地面干爽，施粉剂后覆盖1层稻草，减少日晒雨淋，以免影响药效。施粉剂区插上警示牌，以避免人畜中毒和试验环境被人为破坏。

（3）乳油制剂。吡虫啉和毒死蜱等有效成分也用于制成乳油制剂。春秋两季一般温度在21 ～ 30℃采用药液浇灌方法，效果较好。浇灌杀虫药剂时，先用少量药液缓慢覆盖蚁巢，然后大量浇灌。一般15厘米左右的蚁巢灌药液量3.5 ～ 4升。药液量是影响浇灌技术防治效果的关键因子。浇灌时应注意在蚁巢周围0.5 ～ 1米范围内都要被药液湿润。一般处理一次不能完全奏效，几天后会在处理过的蚁巢3 ～ 5米内形成一些小的蚁巢。因此在第一次处理后几天，要在附近检查新蚁巢的出现，再浇灌一次。在药剂浇灌蚁巢后土壤干燥前，要防止儿童和宠物进入处理场所。

48.防控红火蚁不同生境药剂使用方法是什么？

依据不同生境红火蚁分布和发生特点，采取与生境环境相对应的防治措施，可以达到更好的防治效果。根据植被类型、植被数量和地形等可将红火蚁发生区域划分为5种生境，分别为农田荒地、房屋周边、道路、绿化带、停车场。

（1）**农田荒地生境**。该生境地面平整、农业生产活动频繁，主要包括种有农作物的蔬菜地、水稻地、玉米地、甘薯地等。该生境田埂和耕作田的蚁巢较少且蚁丘小，杂草地上的蚁巢密度大且散蚁多，防控时应注意先排除周边的积水和用除草剂清除杂草，蚁巢密度大的连片区域可用电动撒播器大面积喷撒饵剂。推荐使用0.1%茚虫威饵剂等。

（2）**房屋周边生境**。该生境为生活活动集中区，包括住宅、学校等；位于地势较高的山地，植被少、类型单一；蚁巢较小但散蚁居多，主要分布于民居墙底部边缘、破损的水泥板缝隙、排水道和房屋周边无管理区域附近。此生境用饵剂点施，防止居民的鸡、鸭等啄食。推荐使用0.1%茚虫威饵剂等。

（3）**道路生境**。该生境为运输频繁的公路和小道，植被类型主要为一年生禾本科杂草、低矮灌木和零星乔木等。该生境在道路两侧的绿化树桩下、大型石头旁和杂草丛中常有较大蚁巢出现。较大蚁巢可使用粉剂灭巢，首先在蚁巢周边撒施一圈粉剂防止红火蚁受到干扰逃跑，然后用工具破坏蚁巢上部，待工蚁大量涌出时，将粉剂均匀撒于红火蚁身上，通过带药工蚁与其他工蚁接触，传递药物，毒杀全巢。推荐使用0.1%高效氯氰菊酯粉剂等。

（4）**绿化带生境**。该生境地面较平整，地面多为矮小灌木层和草地，植被种类较少。该生境蚁巢大多位于草坪及灌木层底下。用粉剂撒施，施药时要注意与绿化养护时间分开，绿化施肥及浇灌均会影响药剂的使用效果。推荐使用0.1%高效氯氰菊酯粉剂等。

（5）**停车场生境**。该生境为地上停车场，地面覆盖野草，其蚁巢普遍较小，呈线条状分布且散蚁较多，可能是由于人类活动频繁干扰的缘故，蚁巢频繁搬迁，可进行全面撒施饵剂防控红火蚁。推荐使用0.1%茚虫威饵剂等。

在施药前后，应保证地面干燥，选择晴朗、干燥、气温适宜的天气。杂草较多时，应先清除杂草，使红火蚁更好地接触到药剂。在水源方便的农田可选择成本较低且安全的高效氯氰菊酯等药剂进行灌巢防治。

49. 红火蚁毒饵防治方法的原理和技术要点是什么？

红火蚁工蚁不能直接取食吞咽固体食物，需要先把固体食物喂给高龄幼虫，幼虫把食物由固体消化成液体后，再由工蚁喂给蚁后、生殖蚁等，并与其他工蚁分享，这种行为称“交哺”。毒饵一般采用红火蚁喜欢的食物和微量的药剂混合制成。撒施毒饵后，红火蚁会不断地把毒饵搬回蚁巢，通过“交哺”，48 ～ 72小时内将药剂逐步传至幼虫、其他工蚁、生殖蚁乃至蚁后，传布至蚁群大部分个体，达到灭杀整个蚁群的目的。毒饵的作用方式是慢性胃毒，加上“交哺”所需时间，诱杀作用比较慢，一般毒饵10 ～ 15天才能显示出防效。

当发生区蚁巢明显且密度较低时，可对单个蚁巢进行处理。在蚁巢密度大、分布普遍的红火蚁严重发生区域可采用单个蚁巢处理与普遍撒施毒饵相结合的方法，以提高防治效果。使用毒饵剂时气温21 ～ 34℃或者地表温度22 ～ 36℃，地面应较干燥，使用后6小时内无降雨，并且尽量在红火蚁活动觅食时间施用。根据制剂使用说明和蚁巢密度、工蚁密度确定毒饵用量。

多蚁后型发生区具体毒饵制剂用量参考如下标准：中度发生100克/亩，中度偏重发生200克/亩，重度发生500克/亩，严重发生1 000克/亩。

单个蚁巢处理：适用于活蚁巢密度较小、分布较分散且诱饵诱集工蚁数量较少的发生区，疫情一般为轻度发生到中度发生。在距蚁巢10 ～ 50厘米处点状或环状撒放毒饵，注意不要扰动蚁巢（图5-3）。根据活蚁巢大小和毒饵使用说明确定用量，一般直径为20 ～ 40厘米的蚁巢使用推荐用量的中间值，小于20厘米或大于40厘米的蚁巢使用推荐用量的下限值和上限值。

图5-3　单个蚁巢处理

对于蚁巢密度较大、分布普遍，或者采用诱饵法普遍诱到工蚁、但较少发现活蚁巢的发生区，疫情一般为中偏重发生到严重发生。撒施毒饵时要覆盖发生区的所有地点。除了手工撒施饵剂外，在合适的区域组织人力，采用各种喷撒器械大范围撒施毒饵，工作效率可提高至200 ~ 300亩/（人·天），适合于较大范围区域的防控（图5-4）。

50. 红火蚁粉剂和饵剂采购需要注意哪些问题？

（1）饵剂。总体要求：高效、低毒、安全，引诱力强，用药量小，易于储存，药剂为大小适度、较为均匀的颗粒状。登记的防治对象：红火蚁。剂型：饵剂。有效成分：茚虫威、氟蚁腙，含量≥0.1%；不含有国家所规定的大田限用或禁用成分（农业部第199号公告、第671号公告、第747号公告、第1157号公告、第1586

图5-4　普遍撒施毒饵

号公告、第2032号公告）。三证齐全：农药登记证或农药临时登记证、农药生产许可证或生产批准文件、产品质量标准齐备，并在有效期限内。包装规格：瓶装或袋装，施用操作方便。

（2）粉剂。总体要求：高效、低毒、安全，高黏附性，用药量小，具防水性，易于储存。登记的防治对象：红火蚁。剂型：粉剂。有效成分：0.1%高效氯氰菊酯等；不含有国家所规定的大田限用或禁用成分（农业部第199号公告、第671号公告、第747号公告、第1157号公告、第1586号公告、第2032号公告）。三证齐全：农药登记证或农药临时登记证、农药生产许可证或生产批准文件、产品质量标准齐备，并在有效期限内。包装规格：瓶装或袋装，施用操作方便。

51.是否有红火蚁的天敌？红火蚁的生物防治进展有哪些？

是存在红火蚁的天敌的。如捕食性天敌——黄蜻（*Pantala flavescens*）；寄生性天敌——寄生性蚤蝇；病原微生物天敌——白僵菌（*Beauveria bassiana*）、绿僵菌（*Metarhizium anisopliae*）和黄绿绿僵菌（*Metarhizium flavoviride*）等真菌。

中国在红火蚁生物防治方法方面同样做出了持续努力。已从鱼藤属（*Derris* spp.）、雷公藤（*Tripterygium wilfordii*）、红背桂（*Excoecaria cochinchinensis*）、马缨丹（*Lantana camara*）、夹竹桃（*Nerium oleander*）、黄花夹竹桃（*Thevetia peruviana*）和黄婵（*Allemanda neriifolia*）等植物中提取出物质，并检测了它们对红火蚁的防控效果。还研究了白僵菌、绿僵菌和黄绿绿僵菌等真菌的致病性。但到目前为止，这些努力仍仅限于实验室，还没有形成商业化产品。

52.红火蚁的防治效果和区域控害水平如何区分？

红火蚁防控效果指标分为两个。一是防治效果，二是控害水平。

红火蚁防控效果根据发生分布范围调查、活蚁巢密度（数量）调查、工蚁密度调查和危害程度调查结果进行综合评价。施药前1～2天调查1次基数，包括活蚁巢数（密度）和诱集到的工蚁数量，根据药剂特性确定药后调查时间，如茚虫威饵剂、高效氯氰菊酯粉剂施用后15天调查1次，氟蚁腙饵剂施用1个月后调查1次。每个生境类型调查3个点以上，每个点面积不小于2 000米^2；记录结果。

依照《农药田间药效试验准则（二）第149部分：杀虫剂防治红火蚁》（GB/T 17980.149—2009）标准中“6.2.3药效计算方法”，根据防控前后活蚁巢密度（数量）和工蚁数量（密度）调查结果，计算活蚁巢防治效果、工蚁防治效果。防治效果达到95%及以上的为优秀，85%～94%为良好，70%～84%为中等，70%以下为差。

防治效果具体计算方法如下：

$$活蚁巢防治效果=\left(1-\frac{N_0\times N_{Ti}}{N_{0i}\times N_{T0}}\right)\times100\%$$

式中，N_0为药前对照区的活蚁巢数，N_{0i}为药后对照区的活蚁巢数，N_{T0}为药前处理区的活蚁巢数，N_{Ti}为药后处理区的活蚁巢数。

$$工蚁防治效果=\left(1-\frac{W_0\times W_{Ti}}{W_{0i}\times W_{T0}}\right)\times100\%$$

式中，W_0为药前对照区监测瓶中平均工蚁数，W_{0i}为药后对照区监测瓶中平均工蚁数，W_{T0}为药前处理区监测瓶中平均工蚁数，W_{Ti}为药后处理区监测瓶中平均工蚁数。

结合防治效果、发生分布范围调查和危害程度调查结果按照疫情发生危害程度，将区域控害水平分为以下3种。一是未控制危害：防治效果为中等或差的、发生分布范围扩大或危害程度加重的，则该区域未控制危害。二是基本控制危害：防治效果为良好的、发生分布范围未扩大或危害程度未加重的，则该区域达到控制危害水平。三是较好控制危害：防治效果为优秀的、发生分布范围较少或危害程度减轻的，则该区域达到较好控制危害水平。

53. 红火蚁农药可能造成的风险有哪些？

（1）红火蚁农药本身的风险。 2016年之前，当时我国登记用于红火蚁防治的药剂有10种，其中一种含有持久性有机污染物PFOS（全氟辛基磺酸及其盐类）成分，即氟虫胺，农药制剂年总产量30～40吨，使用量20～30吨，占红火蚁防控农药总使用量的18.8%。PFOS是农用化学污染物中最难降解、具有毒性的致癌物质，严重破坏生态环境，影响人类健康。2009年PFOS被列入《斯德哥尔摩公约》受控清单，按照公约要求，我国需在2019年3月25日前彻底淘汰PFOS的生产和使用。

持久性有机污染物（Persistent Organic Pollutants，简称POPs）具有持久性、长距离迁移性、生物富集性和高毒性，在自然界中难降解，对人体健康和生态环境具有严重危害，对人类的生存和社会的可持续发展构成了重大威胁。持久性有机污染物分为农药类，工业化学品和非故意生产的副产品。国际上公认持久性有机污染物具有下列4个重要的特性：高毒性、环境持久性、生物富集性、长距离迁移性。

①高毒性。大多数持久性有机污染物具有很高的毒性，部分持久性有机污染物还具有致癌性、致畸性、致突变性、生殖毒性和免疫毒性等。这些物质对人类和动物的生殖、遗传、免疫、神经、内分泌等系统具有强烈的危害作用，而且这种毒性还能因污染物的持久性而持续一段时间。例如，二噁英系列物质被称为是世界上最毒的化合物之一，每人每日能容忍的二噁英摄入量仅为每千克体重1皮克，有研究表明连续数天对孕猴施以每千克体重几皮克的喂量即能使其流产。

②环境持久性。持久性有机污染物对生物降解、光解、化学分解等有较强抵抗能力，因此，这些物质一旦排放到环境中就难以被分解，并且能够在水体、土壤和底泥等多介质环境中残留数年或更长的时间。持久性有机污染物对整个生态系统、对人体健康的威胁都会长期存在。目前常采用半衰期作为衡量持久性有机污染物在环境中持久性的评价参数。半衰期是指污染物挥发到其浓度一半所需的时间。例如，PFOS在水相中的半衰期为41年，在气相中的半衰期是110天。

③生物富集性。生物富集作用亦称“生物放大作用”，是指通过生态系统中食物链或食物网的各营养级，使某些污染物，如放射性化学物质和合成农药等，在生物体内逐步浓集的趋势，而且随着营养级的不断提高，有害污染物的浓集程度也越高，处于最高营养级的肉食动物最易受害。持久性有机污染物具有低水溶性、高脂溶性（高脂亲水性），导致持久性有机污染物可以较容易地从周围媒介物质中富集到生物体内，并通过食物链逐级放大，也就是说持久性有机污染物在自然环境如大气、水、土壤里可能浓度很低，甚至监测不出来，但是它可以通过大气、水、土壤进入植物或者低等生物，然后逐级通过营养级放大，营养级越高蓄积越高，人类作为最高营养级，受到的影响最大。

④长距离迁移性。持久性有机污染物一般是长距离迁移性物质，它们能够从土壤、水体挥发到空气中，在室温下就能挥发进入大气层，并以蒸气的形式存在于空气中或吸附在大气颗粒物上，借助风或水流传播很远的距离，从而能在大气环境中进行远距离迁移。由于其具有持久性，所以能在大气环境中远距离迁移而不会全部被降解，同时适度挥发性又使得它们不会永久停留在大气层中，会在一定条件下重新沉降到地球表面，然后又在某些条件下挥发。这样的挥发和沉降重复多次就可以导致持久性有机污染物分散到地球上各个地方。这种性质使得持久性有机污染物容易从比较暖和的地方迁移到比较冷的地方，因此，像北极圈这种远离污染源的地方都发现了持久性有机污染物的踪迹。

（2）红火蚁农药环境风险。茚虫威、氟蚁腙、高效氯氰菊酯均具有一定的环境风险，尤其是高效氯氰菊酯对水生生物毒性很高，如在不应使用相关药剂的场所使用药剂，或者在雨天使用致使药剂被冲入水体，或者药剂用量过大导致大量残留地表等，都会给水生生物等造成危害（表5-2）。

表5-2 茚虫威、氟蚁腙、高效氯氰菊酯的环境风险

农药名称	环境风险
茚虫威	蚕室及其附近禁用；水产养殖区、河塘等水体附近禁用，禁止在河塘等水体中清洗施药器具；鸟类保护区禁用；在蜜蜂生产区或种有蜜源作物的区域禁用
氯氰菊酯	对鱼、蚕、蜜蜂高毒，应避免污染水源和池塘等，蚕室内及其附近禁用
氟蚁腙	不可在池塘、水沟中清洗施药器具。鸟类保护区、蚕室及桑园附近禁用

（3）红火蚁农药对终端使用者的风险。红火蚁防控靶标针对性强，其飘移和施药者吸入风险较低，但如果操作不当，比如不慎吸入或接触到眼睛也会对终端使用者造成伤害。为有效保护终端使用者身体健康，应聘请专业化防治组织施用农药，或对进行施药作业的工作人员进行相应的技术培训，确保施药人员穿戴必要的防护装置，掌握并遵循正确的施药方法。

（4）红火蚁农药在运输、储存和分销中存在的风险及防范。防控红火蚁的药剂在运输、储存、分销过程中相对安全，但如果处置不当，也具有一定的风险，主要包括以下几个方面。一是燃烧的风险。高效氯氰菊酯粉剂易燃，不可以接近火源。二是中毒的风险。三种药剂都具有一定毒性，如果发生误食或者食品、饮用水污染，会导致人体中毒。运输、储存和分销时都要远离食品，特别是要置于儿童接触不到的地方。三是失效的风险。农药潮湿或遭受日晒会失效，因此储运环境应保持阴凉干燥。毒饵中含有的油性引诱物易于变质腐败。农药包装打开后，如果其中的毒饵不能在较短时间内用完，它们可能会很快失效。

在农药运输、储存和分销过程，应采取以下措施，防控相关风险。一是实行药剂招标采购，对供货商资质和运输条件提出明确要求，杜绝农药运输过程中的安全隐患。二是实行药剂集中发运，要求供货商将各个示范区一年所需药剂一次性直接运输到项目县，减少转运、分卸带来的安全隐患。三是强化药剂安全储存，在选定示范区时将农药安全储存作为一项条件，要求项目县植保植检站必须有合格的农药储存仓库。四是及时用完农药，应向施药人员传递有关农药失效风险的清晰信息，敦促他们认真做好用药计划，确保农药包装打开后在合理的时间期限内用完。如果有部分农药未能用完，只能保留较短时间，并且要密封好。

54.氟虫胺所属的持久性有机污染物PFOS指的是什么？

PFOS类物质涵盖全氟辛基磺酸及其盐类（PFOS）和全氟辛基磺酰氟（PFOSF）。全氟辛基磺酸是完全氟化的阴离子，以盐的形式广泛使用或渗入较大的聚合物。经济合作与发展组织（OECD）的报告中列出了96种属于PFOS的化学物质。

PFOS/PFOSF是美国明尼苏达矿业及机器制造公司（以下简称3M公司）在1952年研制成功的一类化学品。该产品能够以极小的添加量获得很高的活性和稳定性，是合成多种氟表面活性剂、氟精细化工产品的原料。PFOS作为一类全氟表面活性剂，用途极其广泛。PFOS同时具备疏油、疏水等特性，是其他许多全氟化合物的重要前体，被作为中间体用于生产涂料、泡沫灭火剂、地板上光剂、农药和灭白蚁药剂等。此外，还被使用于油漆添加剂、黏合剂、医药产品、阻燃剂、石油及矿业产品、杀虫剂等，用于生产合成义齿洗涤剂、洗发水、计算机、移动电话及电子零件生产领域的特殊洗涤剂等中，包括与人们生活接触密切的纸制食品包装材料和不粘锅等近千种产品。在日常生活中，不粘锅、食品包装袋的内表面、部分洗发水、沐浴露、肥皂、洗涤剂中均含有PFOS或相关物质。

欧盟《关于限制全氟辛烷磺酸销售及使用的指令》于2008年6月27日正式实施。该指令规定，以PFOS为构成物质或要素的，若浓度或质量等于或超过0.005%的将不得销售；而在成品和半成品中使用PFOS浓度或质量等于或超过0.1%，则成品、半成品及零件也将被列入禁售范围。自2006年起，欧盟各国，以及美国、加拿大和日本等发达国家逐步采取控制措施限制PFOS的使用，PFOS的国际市场需求已经明显萎缩。历史上，3M公司是最大的也是最重要的PFOS生产商，3M公司以外的PFOS产量很小。1985—2002年，3M公司累计PFOS产量为13 670吨，最大年产量3 700吨，2003年初完全停产。目前所有国外厂商均已停止了PFOS的生产。国际上使用PFOS的主要来源是以前的库存PFOS和中国进口的PFOS。

我国PFOS主要应用于轻水泡沫灭火剂、电镀铬雾抑制剂、农药等的生产，近年来发现在油田回采处理剂领域有所应用。2012年数据显示，国内有PFOS生产企业12家。我国PFOS生产历史短，年生产量及历史累计产量远小于3M公司。我国PFOS产品出口涉及很多国家，其中出口巴西等南美国家的量较大，主要用于林业（桉树等速生树种灭虫）、甘蔗等产业的高效低毒杀虫剂氟虫胺等；美国因3M公司停产，在一些不可替代的领域仍从我国进口PFOS；日本主要用于对织物整理剂生产缺口的补充；中东用于石油产业；欧洲用于铬雾抑制剂；韩国、印度等国用于塑料加工、脱膜、阻燃及加工其他表面活性剂等。调查显示，2010年我国PFOA/PFOS产量超过100万吨，使用量约80万吨，主要应用在电镀、消防、半导体、杀虫剂等领域。

PFOS在环境中的出现是人为生产和使用的结果，因为PFOS并不是自然存在的物质。PFOS有关物质在它们的整个生命周期都在不断排放。如在生产时、在聚合成商业产品时、在销售时、在工业和消费者使用时、还有在产品使用后废渣填埋处理和污水处理时，都可以排放。在这些过程中与全氟辛基磺酸有关的挥发性物质可能会排放到大气中。PFOS有关物质也有可能通过污水流出而排放。消防训练区也被发现是PFOS的排放源，原因是灭火泡沫中含有PFOS。

PFOS的持久性极强，在各种温度和酸碱度下，对PFOS进行水解作用，均没有发现明显的降解。PFOS在增氧和无氧环境都具有很好的稳定性，采用各种微生物和条件进行的大量研究表明，PFOS没有发生任何生物降解的迹象。唯一已知的可使全氟辛烷磺酸降解的条件是高温焚化，低温焚化的潜在降解性目前还不清楚。

由于其持久性，目前在主要肉食动物如北极熊、海豹、秃鹰和水貂体内已发现较高含量的PFOS，肉食动物体内PFOS浓度随食物链的上升而显著升高。据推断，人体血清内所含PFOS大部分是通过饮水摄入的，并能通过胎盘传递给胎儿，影响其生长发育。PFOS大部分与血浆蛋白结合存在于血液中，其余一部分则蓄积在动物的肝脏组织和肌肉组织中，具有胚胎毒性和潜在的神经毒性。PFOS具有远距离环境传输的能力，污染范围十分广泛。据有关资料表明，全世界范围内被调查的地下水、地表水和海水，甚至连人迹罕至的北极地区，生态环境样品、野生动物和人体内无一例外地存在PFOS的污染踪迹。

55.氟虫胺用于红火蚁防控的情况怎样？

氟虫胺的化学名称为N-乙基全氟辛基磺酰胺，是一种昆虫能量代谢抑制剂，它主要被配成饵剂用于蟑螂、白蚁、红火蚁等的种群控制。氟虫胺原药主要由全氟辛基磺酰氟、乙胺、盐酸和相关溶剂反应合成。由于氟虫胺价格低廉、效果优良，在红火蚁的预防和灭治药物中有着广泛应用，使用含氟虫胺的饵剂会对环境和人群健康产生持久性污染、生物累积性和毒性等较为严重的负面影响。

2016年前，对已登记的12种红火蚁农药的技术和经济特征进行综合比较发现（表5-3），氟虫胺制剂具有防效好、持效期长和价格相对便宜等优点。与其相当的是0.1%和0.05%的茚虫威饵剂，其次是0.1%高效氯氰菊酯杀蚁粉剂，再次是1%氟蚁腙饵剂。另外几种药剂中，0.73%氟蚁腙饵剂、0.015%多杀霉素饵剂和2.15%吡虫啉饵剂成本较高，效果一般。氟虫腈尽管效果不错，但它对甲壳类水生生物和蜜蜂具有高风险，我国自2009年4月1日起已限定其用于卫生害虫防治、玉米等部分旱田种子包衣。因此，以氟虫腈为有效成分的药剂使用也受到较大限制。就农药毒性而言，茚虫威、高效氯氰菊酯和氟蚁腙原药都属于世界卫生组织（WHO）中等毒（Ⅱ级毒性）。考虑到这些药剂的制剂产品均属于低毒（Ⅲ级毒性），它们在很多其他红火蚁发生国家被批准用于红火蚁防控，也被WHO推荐用作室内使用的卫生杀虫剂。

表5-3　我国登记用于防治红火蚁的农药技术、经济特征分析（2016年登记信息）

序号	农药制剂种类	技术特征	防治成本	政策限制	毒性分级	综合评价
1	1%氟虫胺杀蚁饵剂	效果好、速度快、持效期长	中	无	Ⅲ	优
2	0.1%茚虫威杀蚁饵剂	效果好、速度快、持效期较长	中	无	Ⅲ	优
3	0.05%茚虫威杀虫饵剂	效果好、速度快、持效期较长	中	无	Ⅲ	优
4	0.1%高效氯氰菊酯杀蚁粉剂	效果好、速度快、持效期长、部分地区适用	低	无	Ⅲ	较优
5	1%氟蚁腙杀蚁饵剂	效果好、速度慢、持效期长	中	无	Ⅲ	良
6	0.73%氟蚁腙杀蚁饵剂	效果好、速度慢、持效期长	高	无	Ⅲ	良
7	0.015%多杀霉素杀蚁饵剂	效果一般、速度较快、不稳定	中	无	Ⅲ	中
8	2.15%吡虫啉饵剂	效果一般、速度慢	中	无	Ⅲ	中
9	0.05%氟虫腈杀蚁饵剂	效果好、速度快	中	禁	Ⅲ	中

（续）

序号	农药制剂种类	技术特征	防治成本	政策限制	毒性分级	综合评价
10	0.5%氟虫胺+0.05%氟虫腈杀蚁饵剂	效果好、速度快、持效期长	中	禁	Ⅲ	中
11	0.3%氟虫腈杀蚁饵剂	效果好、速度快	中	禁	Ⅲ	中
12	0.05%氟虫腈杀蚁饵剂	效果好、速度快	中	禁	Ⅲ	中

据统计，2016年中国在红火蚁防治方面年均使用含PFOS的氟虫胺制剂28吨左右，占红火蚁防治总用药量的18.8%。尽管数量不大，在红火蚁防控方面出现较晚，但该药剂效果好、成本低，在竞争激烈的市场中具有较大优势，并占据了相当的份额。如此大量的氟虫胺用于广阔开放的自然空间，而且红火蚁防控用药具有点多面广、直接向环境释放等特点，所以必将导致严重的环境问题。

56.我国为应对红火蚁氟虫胺风险做了哪些工作?

2009年5月，《关于持久性有机污染物（POPs）的斯德哥尔摩公约》缔约方大会第四次会议通过修正案，将包括全氟辛基磺酸及其盐类和全氟辛基磺酰氟（PFOS/PFOSF）在内的9种新POPs增列入公约受控清单。PFOS、PFOSF被列入“附件B”，公约详细列出了12种“特定豁免用途”和8种“可接受用途”。2013年8月30日，全国人大常委会审议批准了该修正案，2014年3月26日正式对我国生效。为落实修正案要求，推动我国全氟辛基磺酸及其盐类以及全氟辛基磺酰氟的淘汰与替代工作，生态环境部对外合作与交流中心与世界银行合作开发了“中国PFOS优先行业削减与淘汰项目”，旨在帮助中国履行POPs公约中有关PFOS的相关义务，即2019年3月实现特定豁免用途优先行业的淘汰和替代，在可接受用途的优先领域引入最佳实用技术和最佳环境实践（BAT/BEP）应用。

该项目实施要完成两项主要任务——“退得出、控得住”。“退得出”就是要确保农业行业按期完成PFOS淘汰任务，“控得住”就是要使用更科学的方法、更高效的药剂，努力遏制红火蚁扩散危害趋势。2018—2020年项目总体进展有序，PFOS药剂“退得出”，红火蚁“控得住”两项目标也基本实现。在“退得出”方面，推动出台农业农村部公告，从登记方面禁止了PFOS在红火蚁防控方面的使用；在“控得住”方面，筛选出多种农药替代氟虫胺使用，替代农药在示范区控害水平达到优秀以上水平。项目的主要内容及初步成效为以下几个方面。

（1）示范区建设。在广东、广西、福建、海南，贵州、江西、云南等省份，建立其他替代药剂防控红火蚁示范区。示范区内采用非氟虫胺的红火蚁防控药剂，如茚虫威、氟蚁腙饵剂和高效氯氰菊酯等药剂，采取毒饵诱杀、粉剂灭巢等防控技术，展示非PFOS药剂的红火蚁防控效果。

至2020年，已建设示范区34个，示范区红火蚁防治效果均在良好以上，大部分示范区活蚁巢和工蚁防控效果在95%以上，初步验证了茚虫威和氟蚁腙两种饵剂、辅以高效氯氰菊酯粉剂的药剂方案的有效性。

同时，通过访问调查，示范区乃至示范区所在县域范围内，都不再使用氟虫胺进行红火蚁防控，示范区氟虫胺淘汰替代工作基本完成。

（2）国家能力建设。

①农药登记层面淘汰替代氟虫胺。2019年3月22日，农业农村部印发第148号公告，决定自该公告发布之日起，不再受理、批准含氟虫胺农药产品（包括该有效成分的原药、单剂、复配制剂，下同）的农药登记和登记延续。自2019年3月26日起，撤销含氟虫胺农药产品的农药登记和生产许可。自2020年1月1日起，禁止使用含氟虫胺成分的农药产品。这一公告从根本上为淘汰替代氟虫胺提供了顶层制度支撑。

②修订红火蚁化学防控技术标准。2018年制定完成农业行业标准《红火蚁专业化防控实施规范》，并于2019年实施，对红火蚁的专业化防控组织提供指导，促进红火蚁专业化组织规范化程度，提升面上红火蚁防控的科学化水平。

③红火蚁防控技术方案。2018年，制定完成《红火蚁防控技术方案》，并印发全国进行试行。红火蚁防控总体思路是坚持“预防为主，综合防治”的植保方针，建立“政府主导、属地责任、联防联控”的防控机制，实行“分类指导、分区治理、标本兼治”的防控策略。根据“中国PFOS优先行业削减与淘汰项目”红火蚁防治子项目要求，针对示范区红火蚁发生防控形势和科学用药要求，方案分为监测调查、药剂施用、药剂保存运输、检疫控制和效果评估5个方面。严格红火蚁疫情检疫监管，在示范区内采用统一科学的施药技术方法，在达到遏制其扩散蔓延、减轻危害程度防控目标的同时，杜绝PFOS类药剂氟虫胺的使用。

④完成《红火蚁防控药剂指导名录及使用方法报告》。收集分析各地红火蚁防控药剂防控效果等信息，结合红火蚁防控药剂筛选项目工作结果，对通过农药登记的现行药剂进行筛选，制定了《红火蚁防控药剂指导名录及使用方法》，主要内容包括红火蚁防控用药情况、农药登记情况、防控用药经营销售状况、用于红火蚁防控的非PFOS农药产品列表，以及推荐药剂使用方法等。

⑤完成《红火蚁防控领域PFOS淘汰支持政策研究》。收集相关国家红火蚁防控政策信息完成研究报告，主要内容包括PFOS替代药剂筛选、登记、使用补贴、生产企业转产补贴等政策，“中央、地方共同负担”的疫情防控资金支持政策，“政府出钱、防控组织实施、检疫机构检查”的疫情防控组织措施等政策建议。

⑥完成《红火蚁等检疫性有害生物防控用药登记要求国际比较研究》。报告重点收集了欧盟，以及美国、澳大利亚、日本、中国等农药登记要求，整理了欧盟，

以及美国、澳大利亚、中国紧急情况下的农药申请及使用，综述了美国、澳大利亚、中国红火蚁防控及用药情况，并提出了中国红火蚁等检疫性害虫农药登记及管理建议。

⑦举办红火蚁防控与氟虫胺替代研讨会。会议邀请了中科院动物所、华南农业大学红火蚁研究中心的专家讲授了我国红火蚁发生危害、监测防控和科学用药等方面的内容，特邀美国奥本大学、澳大利亚昆士兰农业发展和渔业部专家录制视频，介绍了世界红火蚁发生防控情况，交流了全球环境基金“中国全氟辛基磺酸及其盐类和全氟辛基磺酰氟（PFOS）优先行业削减与淘汰项目——红火蚁防治子项目”的进展，研究了下一步全国红火蚁的联合监测与防控工作。

（3）**公共宣传**。

①宣传网站。2018年，在全国农技中心网站上搭建单独模块“中国PFOS优先行业削减与淘汰项目”，介绍红火蚁识别、监测、防控、预防、控制、阻截等技术措施，植物疫情监管法律法规要求，推荐红火蚁防控适宜药剂和防控技术方法、项目工作动态和进展等。网站地址：https://www.natesc.org.cn/ZTZL/PFOS。

②红火蚁挂图。2018年，编印完成《认识红火蚁 防控红火蚁》挂图，以直观的图片和简要文字的形式，宣传红火蚁识别、防控、应急处置等知识，以及防控红火蚁使用PFOS药剂可能造成的危害等。挂图近4万套，已分发到18个省份300多个县，尤其是在广大农村起到了非常好的宣传效果。2019年，补印《认识红火蚁 防控红火蚁》挂图2万份，发放到浙江等新发省份，起到了非常好的宣传效果。2021年，对挂图进一步修改完善，共印发6万余套。

③制作《红火蚁危害与防控》专题宣传动画。组织制作了《红火蚁危害与防控》专题宣传动画，长度5分钟左右。该动画重点宣传了红火蚁发生危害特征、检疫控制措施、防控技术方法，以及防控红火蚁使用PFOS药剂可能造成的危害等，突出强调了在药剂选择上应选取非氟虫胺类的药剂，如茚虫威、氟蚁腙和高效氯氰菊酯等。仅在2019年全国植物检疫宣传月期间播放量达4万次，有效提升了红火蚁防控和PFOS药剂替代知识的普及程度。

（4）**技术培训**。2018年，组织编纂出版《红火蚁防控手册》，搜集整理了红火蚁的危害特征、发生动态、防控农药管理和持久性有机污染物等相关知识，简要介绍PFOS红火蚁子项目内容和防控技术方案。

（三）防控实践

57. 针对红火蚁，我国开展了哪些主要检疫监管及防控工作？

2005年，农业部、国家林业局、国家质检总局三部（局）就将红火蚁列入《全国农业植物检疫性有害生物名单》《中华人民共和国进境检疫性有害生物名录》和《全国林业检疫性有害生物名单》，截至2021年6月，红火蚁仍作为国家规定的植物检疫性有害生物开展监测防控。

农业农村部组织各红火蚁发生区严格执行植物检疫制度，加强对发生区的检疫封锁，防止红火蚁扩散蔓延和再次入侵。对发生区内主要花卉苗木产销基地、物流企业以及废旧物品回收和处理场等高风险场所进行摸底登记，对外调货物实施严格的检疫处理措施。组织各地从生产源头着手，引导各级植检机构对辖区范围内的花卉苗木场、草坪草生产基地进行全面调查。针对企业，主动提供上门植物检疫服务，指导落实防范红火蚁的措施，深入开展产地检疫，严格落实调运检疫。

58. 目前已有哪些红火蚁防控方案?

2005年，农业部制定并下发《红火蚁疫情防控应急预案》，成立红火蚁防控指挥部和咨询机构，要求各地参照制定本地应急预案，发生区按照预案启动相应级别的应急响应，开展红火蚁相关防控工作。2005年，农业部发布了《全国红火蚁疫情根除规划》（2005—2013年）和《红火蚁疫情防控工作宣传培训计划》，要求各地按照规划要求，结合当地实际认真落实疫情防控和宣传培训各项措施。2020年，全国农技中心印发《全国农技中心关于印发2020年红火蚁等重大植物疫情阻截防控方案的通知》，指导各地开展阻截防控。

59. 目前已有的联防联控、分区治理及专业化防控的探索有哪些?

为推进疫情防控工作，探索通过“联合监测、联防联控”的方式防控重大疫情，2006年农业部组织成立了红火蚁全国联合监测与防控协作组。协作组于2006年和2007年召开会议，总结交流了红火蚁监测、防控情况及研究进展，部署督促开展了全国性灭杀行动。2007年全国农技中心下发《关于做好2007年重大检疫性有害生物联合监测与防控协作工作的通知》，明确责任分工，推进联防联控工作深入开展。2009年，根据新的《全国农业植物检疫性有害生物名单》，全国农技中心下发《关于进一步加强重大检疫性有害生物协作联防工作的通知》，进一步完善和调整了协作组成员。2015年，根据疫情形势和协作联防需要，农业部发布《农业部办公厅关于印发〈全国农业植物检疫性有害生物联合监测与防控协作组工作规则〉的通知》，之后全国农技中心根据工作规则组织开展全国农业植物检疫性有害生物联合监测与防控协作工作。

各地也积极探索红火蚁联防联控、分区治理及专业化防控工作。

广东省对经过防控并已控制危害的红火蚁发生区，坚持长期监测，以饵剂诱杀为主，进一步降低红火蚁种群密度、巩固防效；在新发生且蚁丘未受明显破坏的地区，先用粉剂触杀再结合饵剂诱杀，以确保及时有效控制疫情的蔓延危害；在零星疫情发生区，组织力量采取果断有力的措施，坚决铲除疫情。广西壮族自治区采取拉网式和饱和式相结合的投药方法对各发生区实施蚁巢治理、根除。福建省组织进行全面施药诱杀和触杀灭蚁。湖南省根据气候特点改进施药方式，组织红火蚁防治专业队开展大规模饵剂诱杀。广东、福建、广西、江西、湖南和云南等多个省份，探索组织防控专业队实施红火蚁防控，提高了工作效率，取得了较好的防控效果。部分地区的红火蚁防控工作逐渐变为由专业化防控组织负责组织人员和防控药物开展防控。

案例一：广东深圳专业化防控组织

广东深圳作为经济特区，国际贸易物流中心，是红火蚁最早入侵地之一。2004—2008年，深圳市红火蚁防控经历重点扑杀期和全面控制期，从2009年开始逐步进入常态防控期，通过十几年的坚持探索，确立“政府购买服务、专业化防治、第三方监理评价”的疫情防控模式，构建以街道为“单元格”的红火蚁监测预警网络，实现全市农地、公共绿地等场所红火蚁专业化统防统治。

一是疫情监测信息化、智能化。疫情发生伊始，深圳通过政府购买服务方式开展监测普查，摸清家底，及时发布疫情预警。2007年，在传统人工监测的基础上，首次采用GPS（全球定位系统）卫星定位系统对全市疫情进行调查建档，绘制深圳市红火蚁疫情分布电子地图，掌握红火蚁疫情发生情况，为防控工作提供了信息基础。2020年，着手推进信息化监测系统提档增效，全面开启云采集、随手拍等3.0监测时代。2020年8月，深圳市接管深汕合作区红火蚁防控工作，在合作区启动大监测、大排查，制定深汕合作区2020—2021年度红火蚁应急防控工作方案，将工作规划衔接到全市红火蚁常态化防控范畴。

二是疫情防控专业化、精准化。2008年，深圳开始探索并推广红火蚁专业化防治，防控责任单位因地制宜划定防治范围、制定方案，专业化服务组织开展疫情调查、药物采购和施用，第三方监理机构进行防治监督和疫情监测。目前，全市红火蚁专业化服务组织达30家以上，专业化防治覆盖率达100%。比如，大铲湾港，外来渣土调入频繁、沿海滩涂死鱼虾较多，为红火蚁扩散繁殖提供了天然优势，宝安区委托专业化防治机构春秋两季全面撒施饵剂、持续防治；深圳湾公园，建设初期草坪苗木调入频繁、人流量大、疫情反复，南山区严把植物检疫关、落实监测巡查，实施颗粒剂撒施处理和毒饵诱杀相结合的防控方式；深汕合作区，农地范围大，4镇39村疫情大多为三级（中偏重）、四级（重）发生水平，全市统筹应急防控经费600多万元，开展2020年度（第一阶段）合作区红火蚁专业化统防统治，应用植保无人机大面积撒施饵剂，90%以上防控区域疫情从“重度发生”水平降低到“轻度发生”水平。经过不懈努力，深圳基本形成市、区、街道分工明晰、相互配合的防控体系。

三是防治评价全程化、绩效化。为确保专业化防治服务实施效果和质量，深圳按照约12元/亩的标准，委托第三方全程监督监理防控项目实施及防治效果，包括药剂购置，施药规范性、全面性、及时性等环节。监理方制定监督监测评估方案，采用等距随机抽样法，对防控前后、重点地块进行疫情监测评估。对疫情达到中级水平以上的监测点，拍摄GPS监测照片，提供位置示意图，24小时内反馈防治单位。针对防治药剂、施药范围和次数、完成时效、施药记录是否齐全、伤人事件情况等开展绩效评价与考核，形成防治评价管理“全链条”。特别是将科普宣传任务作为绩效目标之一，要求在施药过程中，同时向市民派发红火蚁防控宣传资料，解答红火蚁识别、防控、救治等疑问，实现防控与科普宣传“时空融合”。

案例二：广东佛山红火蚁基层防控模式

广东佛山地处珠三角腹地，近年传统农业逐渐向观光、生态、都市、外汇农业转变，以种植花卉苗木等经济作物、水产养殖为主，农作物调运频次高，红火蚁扩散传播概率大。佛山坚持“预防为主，防治结合”的原则，建立“市级统筹抓总、区级属地负责、镇村具体实施”的长效机制，汇聚基层防控力量，着力解决农村基层红火蚁疫情防控乏力、基层植保人才短缺等顽疾。

一是落实责任，市级当好总指挥。为落实防控工作责任，有效遏制红火蚁等重大农业植物有害生物灾害，2005年，佛山市成立了植物有害生物防控工作领导小组，2019年重新调整领导小组成员和各单位职责分工，完善领导机构。2020年佛山市开始探索基层防控模式，印发了《红火蚁基层防控创新机制工作方案》，选择三水区、高明区农地较多、地方财政较薄弱、基层防控队伍缺失的10个村（居）委会开展第一批试点，着力解决第三方机构对农用地红火蚁防控监测不到位、药效不明显、防控不积极等难题，在全省乃至全国首创红火蚁基层防控创新机制。在2020年试点基础上，2021年佛山出台《进一步加强红火蚁基层防控创新机制建设实施方案（2021—2023年）》，全面推广“市级统一工作方案，区镇统一购药配发和技术培训，村级成立村级防控服务队”的红火蚁防控新模式，全市294个村（居）委会成立村级防控服务队，队员近500人。

二是精准施策，区镇当好大总管。区、镇（街道）在人流量大的公园、景区等设立重点区域动态监测点。各区镇因地制宜、百花齐放，禅城、南海、顺德区经济实力较强，主要采取“委托第三方专业防控机构为主，镇（街道）、村（社区）及各管护单位为辅”的防控模式。三水、高明区则采取农村基层防控创新模式。2020

年以来，各区逐步推广基层防控模式，实现“四个统一”：统一购药配发，区农业农村局或镇（街道）统一筛选、购置红火蚁药剂，确保药剂质量，合理调配发放至各村服务队；统一培训，区、镇（街道）农业农村部门牵头组织开展培训，确保服务队员掌握科学用药方法与自我防护；统一防控，在春秋两季关键时期，召集组织各村服务队开展统一防控行动；统一指导，区、镇（街道）农业农村部门加强服务队管理，检查防控效果，组织防控验收，按照防控效果支付薪酬补贴，有效监督村级服务队员开展防控工作。

三是积极行动，当好村级防护员。镇（街道）农业农村部门牵头，在村委会组建以本村村民为主体的村级红火蚁防控服务队。服务队员须为当地村民，以兼职为主，或根据实际，与村级动物防疫员、护林员等现有人力资源统筹兼并。队员数量由各村疫情发生面积、程度而定，区或镇（街道）根据辖区实际给予薪酬补贴。防控服务队员为当地村民，责任心强，受本村其他村民监督，熟悉本村疫情发生情况，以鱼塘、农田、荒地为重点，做好日常巡查，抓住每年春、秋两季繁衍关键期进行巡查扑杀，做到“及时发现、及时上报、及时扑杀”，全力阻截、控制红火蚁蔓延和危害，解决红火蚁防控“最后一公里”的问题。

案例三：浙江省红火蚁分类分区治理模式

2021年以来，浙江认真开展春季红火蚁防控工作，各地在抓好老疫点防控的基础上，着力抓好新发疫点的应急防控，防控面积达1.73万亩次，防治区域主要集中于绿化公园等地，仅平阳和莲都小部分疫点涉及农区，农区防控面积957亩次。经过科学及时地根除扑杀防控，先后根除防治红火蚁疫点14个，待验收疫点4个，各点已经连续4个月未监测到红火蚁。浙江防控工作主要通过委托第三方专业公司采取二阶段防控方式，即一经发现疫情，立即委托专业公司对疫情核心区域进行应急防控，遏制疫情的进一步蔓延。待防效达90%后，再通过招标确定根除防控单位，对疫情发生核心区域及周边区域开展全面监测防控，进入根除防控阶段，通过全面根除防控，在连续9个月未监测到红火蚁的情况下，视为红火蚁根除完成，可以申请验收。

60. 目前我国红火蚁被扑灭的案例有哪些？

通过采取综合控制措施，2008年广西玉林市陆川县温泉镇九龙山庄和北流市北流镇六地坡村的红火蚁疫情被扑灭。2011年5月湖南张家界市扑灭了大庸桥公园疫情发生点。2013年福建省龙岩市新罗区和上杭县红火蚁疫情被扑灭。2016年，重庆渝北区中央公园和湖南省嘉禾县红火蚁疫情得到根除。

案例一：湖南嘉禾——居民生活区红火蚁根除

2014年8月湖南嘉禾发生红火蚁疫情。疫情来源是接嘉禾县珠泉镇石丘村村民反映，在部分田地和农户家中发现大量蚂蚁，由于田土上蚂蚁众多，农作物生长受影响，加上具有攻击性，村民不敢下地作业，有少数村民被咬后，出现红肿、灼痛症状。该蚂蚁甚至进村入户，严重扰乱了部分村民的居家正常生活。接报告后，嘉禾县、郴州市农业局工作人员及时前往现场查看，并送样本到华南农业大学鉴定后，确认为红火蚁疫情。疫情发生区面积约133.7亩，疫情核心区危害中心点位置为：25.65°N、112.35°E，发生区蚁巢数量约3 000个，石丘村被红火蚁叮咬人员（包括室内和室外）达93人，有88户居民住房遭红火蚁入侵。溯源调查结果显示，石丘村红火蚁疫情由村民从广东省东莞市运送建筑木材方料时带入的可能性较大。

疫情发生后，嘉禾县农业局第一时间对发生区进行了全面调查，摸清了发生范围、危害程度和危害情况，制定了疫情防控工作方案，举办了“红火蚁防控技术培训会”。县委、县政府第一时间启动应急防控预案，成立了由县委副书记任政委，副县长任指挥长，县政府办、应急办、农业局、财政局、公安局、交警大队、交通局、气象局、经济和信息化局、民政局、林业局、工商局、农机局、水务局、卫生局、珠泉镇政府办等单位负责人为成员的嘉禾县红火蚁疫情防控工作指挥部。指挥部下设办公室，由县政府办副主任兼任办公室主任，县农业局局长兼任办公室常务副主任。同时成立了7个工作组，分别为综合协调组、防治扑杀组、疫区封锁控制组、医疗救治组、镇村工作组、宣传资料组、后勤保障组，进一步明确各自工作职责。制定出台《嘉禾县红火蚁疫情防控工作方案》和《嘉禾县红火蚁防控技术方案》，与乡镇签订了《红火蚁防控工作责任状》，印发张贴了《关于加强红火蚁防控工作的通告》。

在疫情防控方面的做法主要有以下几点。一是及时进行封锁控制。组织多部门和相关单位，对疫区进行了警戒封锁，禁止疫区农产品、垃圾、土石材料等流出。组织划定封锁线，在疫区范围拉起红线，隔段竖立“疫情控制区”等标识牌，禁止非工作人员进入疫区，劝导和禁止村民对疫区内农产品进行采摘。二是全面开展系统监测。初期对红火蚁疫区每月开展1次监测，明确疫情发生范围、发生程度。后期扩大范围实施全面监测调查，除了踏查活蚁巢和工蚁外，在农田、荒地、村民居住区、学校等不同生境共设置监测点385个，平均诱捕率65.97%，平均每个诱饵诱集到红火蚁252头，并根据不同生境的诱捕情况分析，该区域红火蚁发生较为普遍，以荒地最重，农田次之，村民居住区较少，学校最低。并从已明确的红火蚁发生区向周围地区即潜在发生区开展延伸调查，共设置监测点500个，重点监测河流下游区域、荒地、农田等高风险地区。在距离发生区域1 000米的一处荒地发现6个红火蚁巢，并监测到大量散蚁。三是全方位有效防控根除。2014年8月至2015年6月，累计组织实施防控3次，取得了显著成效。2015年6—7月，县农业局制定了《嘉禾县红火蚁疫情根除工作实施方案》，并于2015年7月启动，采用“大面积撒施饵剂”和“使用粉剂处理单个蚁巢”相结合的方法，对疫区和潜在发生区红火蚁开展防治，快速压低红火蚁蚁群密度。2015年7月至10月上旬累计实施监测、防控11次。经过两个多月的地毯式搜索、防控，大幅度降低了疫区红火蚁密度，彻底灭除了可见蚁巢。

2015年10月至2016年7月监测结果显示，连续10个月10次以上覆盖防控区及其周围500米范围内全部区域的多点监测，未发现任何活红火蚁。红火蚁发生区内被红火蚁入侵的88户居民房屋内，已无红火蚁踪迹。红火蚁发生区域内的田土表面和空坪隙地表面已看不到红火蚁，疫情得到了根除（图5-5、图5-6）。

图5-5　湖南嘉禾——居民生活区红火蚁根除1

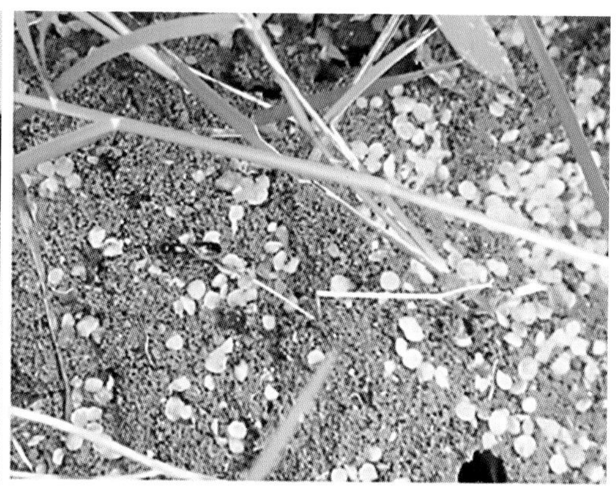

图5-6　湖南嘉禾——居民生活区红火蚁根除2

案例二：福建龙岩——居民生活区及周边垃圾填埋场红火蚁根除

2005年9月，上杭县植保植检站接到溪口乡农技干部反映，该乡石铭村某塑料制品加工厂附近有一种严重影响农事操作的叮人蚂蚁，后确认为红火蚁。据反映2003年秋就有发现此类蚂蚁，2004年发生趋重，并向周边扩散。2005年开始为害秋花生等农作物，妨碍村民农事生产操作、生活起居。据分析其来源系由当地某塑料制品加工厂购进广东废旧饲料编织袋夹带所致。经调查，该区域红火蚁发生面积为133 400米^2（核心区为86 710米^2），分布在塑料制品加工厂周边，公路沿线两旁，水稻田田埂、山边地、河边冲积地等，发现有大小蚁巢3 500多个。

疫情发生后，上杭县政府及时组织疫区乡镇分管农业领导、农技站人员、疫区村主干人员召开会议，通报发生情况和防治措施。对疫区群众进行培训宣传5场次，分发防治资料1 000余份。在发生区设立植物检疫临时检查点2个，对过往车辆用杀虫剂（菊酯类）进行检疫处理（主要为车胎部分）。做好隔离防护工作，开辟防蚁带3 000米×12米，并在防蚁带靠发生区一侧撒施杀虫颗粒，防止红火蚁防除后外迁。建立生活垃圾池，要求疫区群众把生活垃圾统一回收于指定垃圾池，并对垃圾用杀虫剂处理，坚决杜绝未做处理的垃圾外运，运输车辆外运前用杀虫剂处理。

全面开展防治、扑杀等工作：焚烧山林、边角地、河滩地、田埂等地杂草超过3万米^2，清翻、焚烧塑料垃圾200余吨；清翻沙滩地3 000米^2。全面喷施杀虫剂和除草剂18公顷，然后采用网格式撒施0.1%氟虫腈粉剂（红蚁净），最后再全面撒施0.5%氟磺酰胺饵剂（一扫清饵剂）53万米^2。此外做好疫区农产品收获物的处理工作：稻田收割前7天全面喷药（辛硫磷）；花生地收获前7天灌水，收获前5天喷药（菊酯类），并认真做好农产品的检查工作，禁止疫区稻草等非收获物外运，并在其干燥后就地焚毁或用杀虫剂喷洒后堆沤处理，防止因农产品及非收获物携带造成扩散。

经过3年防控，疫情得到了有效控制，从2008年5月起，普查和监测结果均未发现红火蚁蚁巢，也未诱测到红火蚁，防控效果十分显著，完成了既定的疫情根除目标。

案例三：湖南张家界、重庆——公园红火蚁根除扑灭

（1）**湖南张家界公园红火蚁疫情根除。**2005年，湖南在张家界市城区大庸桥公园（29°08′N，110°27′E）及周边永定区大庸桥办事处发现红火蚁，公园占地160亩，发生面积500余亩，潜在波及范围2 000亩。红火蚁蚁巢广泛分布在发生区的公园、园林绿化带、居民区、农田、菜地、果园、荒坡地、村道、垃圾堆等处，尤以公园标志门处草地最多。重发区随处可见大量活动的红火蚁及突起的蚁丘，成熟蚁丘高达30～50厘米，底部直径20～50厘米，最大蚁丘高达50厘米，底部直径150厘米。推测红火蚁来源，可能是该公园从广东省红火蚁发生区调入马尼拉草皮及蒲葵、加拿大椰枣等热带植物携带传入。调查发现红火蚁的危害主要有3个方面：①叮咬蜇伤人畜，造成人畜伤亡。发生区随处可见土包状的红火蚁巢穴，蚁巢一受惊扰，便蜂拥而出攻击人畜。尤其是盛夏时节，成群结队的红火蚁爬满电线电缆、花草树木、垃圾箱和四散丢弃的垃圾，人一不小心就会被咬伤。据不完全统计，共有40余人被蜇伤，其中有3人休克经医院抢救才脱险。②筑巢和取食植物造成大庸桥公园部分区域草皮被毁，不得不重栽。③破坏公共设施。红火蚁把巢穴筑在公园电器等设备中，造成电线短路和设施故障。

疫情发生后，采取的主要防控措施有：

第一，封锁发生现场，启动应急预案。2005年1月22日，张家界市人民政府对大庸桥公园实施封园，禁止游人进入。随即制定了《张家界市重大生物灾害红火蚁疫情扑灭控防实施方案》，成立由副市长为指挥长，农业、林业、公安、财政、卫生等17家单位为成员的红火蚁防控指挥部。与此同时，湖南省政府下发了《关于加强红火蚁监测的紧急通知》和《关于封锁扑灭红火蚁的应急预案》，部署全省疫情监控工作。

第二，开展应急处置，减轻疫情危害。张家界市政府组织30人的专业防治队伍，专司监测、用药、投饵和扑杀工作。自2005年1月23日起，市区农业局专业技术人员即对疫点疫情进行全面监控。每隔1周，对大庸桥公园进行一次地毯式普查，发现蚁巢即用白灰、小红旗、竹（木）棍、红（白）油漆做好标记，便于指导用药。施药方法：先对蚁巢表面及周围泼洒一遍药（杀表层蚁及防外逃），然后挖开蚁巢表土或草皮（挖成坑），用高效氯氰菊酯500倍液加毒·辛（毒死蜱+辛硫

磷）200倍液混合，每巢穴用药液15 ～ 25千克慢慢灌注。共计应急处理蚁巢1 510个，降低了红火蚁种群数量。

第三，加强检疫管理，防止疫情扩散。2005年5月8日农业部449号公告，对外公布了湖南省张家界市永定区的红火蚁疫情，各级植物检疫机构据此开展了依法防控。经省人民政府批准，张家界市政府在慈利境内设立张家界市（白云）植物检疫监督检查站，对进出张家界市的应检物品开展植物检疫检查工作，以防疫情扩散和传入新的疫情。对发生区内垃圾、建筑淤泥、堆肥、种植介质等触地物品进行系统施药灭蚁、集中清理。对发生区内的种苗种植、繁育基地等单位实行登记备案，严格加强产地检疫与调运检疫。禁止建立新的苗圃种植、繁育基地。对监测区的带土种苗、花卉、盆景、草皮等植物每年进行2次产地检查，货物调运前调出单位提前申请产地检疫，经检疫确认未发现红火蚁的，1个月内方可凭《产地检疫合格证》换发《植物检疫证书》，在有效期内调运。在大庸桥公园周围居民区，发动群众防控疫情。采取张贴红火蚁宣传挂图、印发防控知识手册和召开群众会议等措施，加强对群众的宣传普及，提高公众的自我保护能力和预防能力，充分发动群众自觉参与社区环境清理和红火蚁防控行动。

疫情防控效果主要有以下几方面：从红火蚁密度来看，2005年共灭杀了1 599个红火蚁蚁巢，测算消灭了80%的红火蚁种群，种群密度下降至每亩有效蚁巢0.2个。2006年，共诱集732只红火蚁，2007年8月20日仅在红火蚁发生核心区的一个居民区家中发现5个初期蚁巢、诱集到红火蚁304只，随后全面施用毒饵诱杀剂，之后再也没有监测到红火蚁。2007年9月至2011年5月23日，累计3年又263天未发现红火蚁蚁丘及其卵、幼虫和成虫。通过走访居民及大庸桥公园职工，普遍反映2006年后红火蚁数量大大减少；2007年底后再没有人被咬伤，也没有见到过红火蚁（图5-7）。

（2）重庆中央公园红火蚁疫情根除。2014年9月22日，渝北区在重庆中央公园开展农业有害生物普查时，发现公园西南入口草坪处有两个蚁丘明显的蚁巢，拨开观察蚁巢呈蜂窝状，后经鉴定确认为红火蚁。

应急防控方面，为快速降低蚁巢密度，消灭活蚁，确立了“前期采用触杀、熏蒸药物减少虫口数量治标，后期使用诱导性药物治本”的防治方案。2014年10—11月利用48%毒死蜱乳油、80%敌敌畏乳油和4.5%高效氯氰菊酯乳油等化学药剂兑水（配比1 ∶ 10），对发现的蚁巢进行直接灌巢处理，灭杀蚁巢浅层和表面的红火蚁。防治后的蚁巢周围未发现红火蚁活动，从根本上减少了蚁巢密度和活蚁数量。2014年12月至2015年3月利用自制含阿维菌素的高油脂诱饵25毫升（食用植物油＋1.8%阿维菌素乳油，配比5 ∶ 1），倒入透明塑料瓶底（直径6厘米，高2厘米），放置在红火蚁发现区监测点附近，共投放诱饵289处，发现活蚁有10处，诱杀红火蚁36头，为根除蚁巢提供科学依据。

湖南日報

HUNAN RIBAO

2005年5月12日 星期四

乙酉年四月初五

国内统一刊号：CN43—0001 第20055号

国外发行代号：D1101 邮发代号：41—1

长沙市区天气预报

天气：今到明，阴天有小到中等阵雨或雷阵雨

风向：南 风力：2-3级

最高温度：24℃ 最低温度：18℃

A1 湖南日报报业集团出版

湖南日报 三湘都市报新闻热线（0731）4326110

湖南在线网址：http://www.hnol.net

今日8版

我省发生红火蚁重大疫情

普查、控防、扑灭等各项措施全面落实

本报5月11日讯（记者 张尚武 通讯员 刘年喜）我省发生红火蚁重大疫情。记者今天从省农业厅植保植检站获悉，红火蚁疫点位于张家界市永定区的大庸桥公园。现在，疫点已经全面封锁，控防、扑灭等措施均已落实到位，红火蚁第二次普查也在全省范围相继展开。

5月8日，国家农业部发出公告，据在全国范围内开展的红火蚁普查结果，近期在湖南省张家界永定区发现红火蚁。去年广东省吴川市在国内首次发现红火蚁后，农业部部署在全国进行普查，我省已于今年1月进行红火蚁首次普查。

在全省首次红火蚁普查中，张家界市大庸桥公园周边的居民反映，去年公园有很多红色小蚂蚁，人被咬后奇痒奇痛、红肿、起泡，重者可出现休克。张家界市专职检疫员根据这一疑似情况，对公园进行重点勘查，发现多处蚁巢，蚂蚁形状、颜色、习性均酷似红火蚁，便立即报告省农业厅植保植检站。省农业厅植保植检站当即派出植保植检专家现场勘查，并与张家界市植检员共同取样，送国内权威机构华中农大昆虫资源研究所鉴定，确认为红火蚁。疫情确认后，省市植检专家对公园进行了地毯式勘查，在公园内发现500余蚁巢。此后，在公园周边的绿化带、道路坡坎和居民区也发现多处红火蚁巢穴。

疫情发生后，农业部下达了应急方案。省委、省政府高度重视，立即发出控防红火蚁的紧急通知。省农业厅派出专家进行现场指导，坚决控制、扑灭疫情。目前，红火蚁发生区的1510个蚁巢已被铲除，并对疫区进行了封锁和药剂防治。疫区及周边居民的生活垃圾也全部进行了无害化处理。现在，居民生活正常有序。

红火蚁疫点大庸桥公园占地面积106亩，其中有马尼拉草坪9.6万平方米及200株蒲葵、100株加拿大枣等热带植物及数千株本地花卉树木。专家认为，从外地引进的这些花卉树木草坪，正是红火蚁的“携带者”。

省农业厅专家捎话——

红火蚁疫情可控可防可治

本报5月11日讯（记者 张尚武 通讯员 李一平 曾楚禹）我省发生红火蚁重大疫情后，省农业厅专家今天托记者捎话：红火蚁疫情可控、可防、可治。

据省植保植检站专家周社文介绍，红火蚁原分布于南美洲巴拉那河流域，1930年入侵北美，本世纪初传入新西兰、澳大利亚以及我国台湾省的部分地区，红火蚁是一种杂食性动物，主要危害农作物根、茎、叶、果实，容易在住宅附近或电器、堤坝设备设施中筑巢，当受到干扰时，会蜇刺人、畜。

从国外红火蚁发生和防治情况看，它是一种可防、可控、可治的有害生物，只要措施得当，不会对社会和人民生活造成太大影响。人们只要不长时间在红火蚁活动区域停留或破坏其巢穴，干扰其活动，完全可以避免其伤害。

专家提醒：一旦被红火蚁蜇刺，要及时处理，并立即报告当地农业部门的植物检疫机构。据卫生部通报，被红火蚁蜇刺后，伤口周围会产生疼痛瘙痒感，轻者用肥皂水清洗并涂抹清凉油等就可以缓解和恢复，过敏体质者可能会引起过敏反应，如有发热现象，严重的会出现休克，要立即到医院就诊。

红火蚁有2节明显腰节

红火蚁蚁巢内部结构

10 cm

红火蚁成熟蚁巢

幼童遭红火蚁叮咬

图5-7 大庸桥公园红火蚁根除

全面普防方面，抓住红火蚁觅食旺季和行为活跃关键时期实施大规模防治。2015年6月11日采用毒饵法对重庆中央公园东区、南区、西区、北区和辉山5个区，按照5～10米半径为1个投放点，每点位投放5克饵料，由重庆中央公园各标段工人在监测人员指导下科学投放。利用航空无人机在南区“小岛”投放，种子播撒机间隔10米呈“一”字排开在阳光大草坪撒施投放，全园投放红火蚁防控药剂

0.1%茚虫威饵剂780千克。2016年5月16日全园进行第二次大规模普防，共投放饵剂680千克。

重点补防方面，2015年3月、4月和7月，对新发现5处蚁巢和红火蚁活动区撒施0.5%氟虫腈等粉剂进行重点补防，巩固应急防控及全园防控成效。

历经两年努力，疫情得到及时扑灭，2016年10月通过专家组验收，没有造成重庆中央公园红火蚁疫情扩散，没有造成人员被红火蚁咬伤，没有造成重庆中央公园封园防控损失，没有造成因红火蚁防控导致其他种类蚂蚁的绝迹，既消除了红火蚁疫情隐患，又获得了良好的社会效益、生态效益和经济效益。

案例四：浙江金华——苗木繁育基地红火蚁防控模式探索与实践

浙江金华地处浙江中部，是全国最大的花木集散中心之一。金华市于2016年在婺城区罗店镇首次发现红火蚁，结合本地实际，探索形成了“政府购买服务、专业公司防控、第三方监理”的红火蚁专业化防控组织管理模式，提出了大范围撒施毒饵诱杀法、小范围点施毒饵诱杀法、粉剂灭巢或药液喷施（灌巢）法处理单个蚁巢等多种方法相结合的综合处理技术模式。通过将近4年的实践，取得了较好的防控成效。主要做法有以下几点：一是政府主导疫情防控。金华市发生红火蚁疫情后，市政府召集相关部门组织召开了红火蚁防控工作会议。明确红火蚁疫情扑灭资金全部由财政承担，其中，市、区两级财政各出一半，县（市）全部由当地财政承担。金华市、婺城区、金东区、永康市财政累计投入红火蚁根除经费1 083.99万元，监理经费73.34万元。二是委托专业公司监测防控。婺城区、金东区、永康市等地结合本地红火蚁发生的实际情况拟定红火蚁疫情根除实施方案，并组织专家对根除实施方案进行论证。之后通过政府采购以“政府购买服务”的方式公开招投标。由中标公司实施红火蚁根除服务。为尽早发现红火蚁，从2019年起全市每年安排红火蚁调查监测费。其中，2019年30万元，2020年40万元。三是委托监理公司监理。参照工程项目监理的模式。全市红火蚁根除除了委托专业公司防控外，还增设了监理公司，委托浙江省农业科学院植物保护与微生物研究所作为红火蚁疫情根除的监理机构，负责专业公司防控效果的全程监理，包括现场监督、通讯监督、台账及仓库检查、测评表等。植物检疫部门负责全程管理和监督工作。四是及时开展应急防控。从红火蚁疫情发现到公开招投标快则2 ~ 3个月，慢则半年以上。永康市出于对村民安全的考虑，发现红火蚁后的几天时间内就通过询价方式委托专业公司开展应急防控，该举措不仅填补了防控空缺，而且保障了市民的安全（图5-8）。五是实施苗木除害处理。婺城区和金东区的红火蚁发生区为花木苗木集散中心，在红火蚁根除期间，花卉苗木调入、调出频繁。为此，婺城区根据实际情况制定苗木除害处置技术方案，在罗店镇设

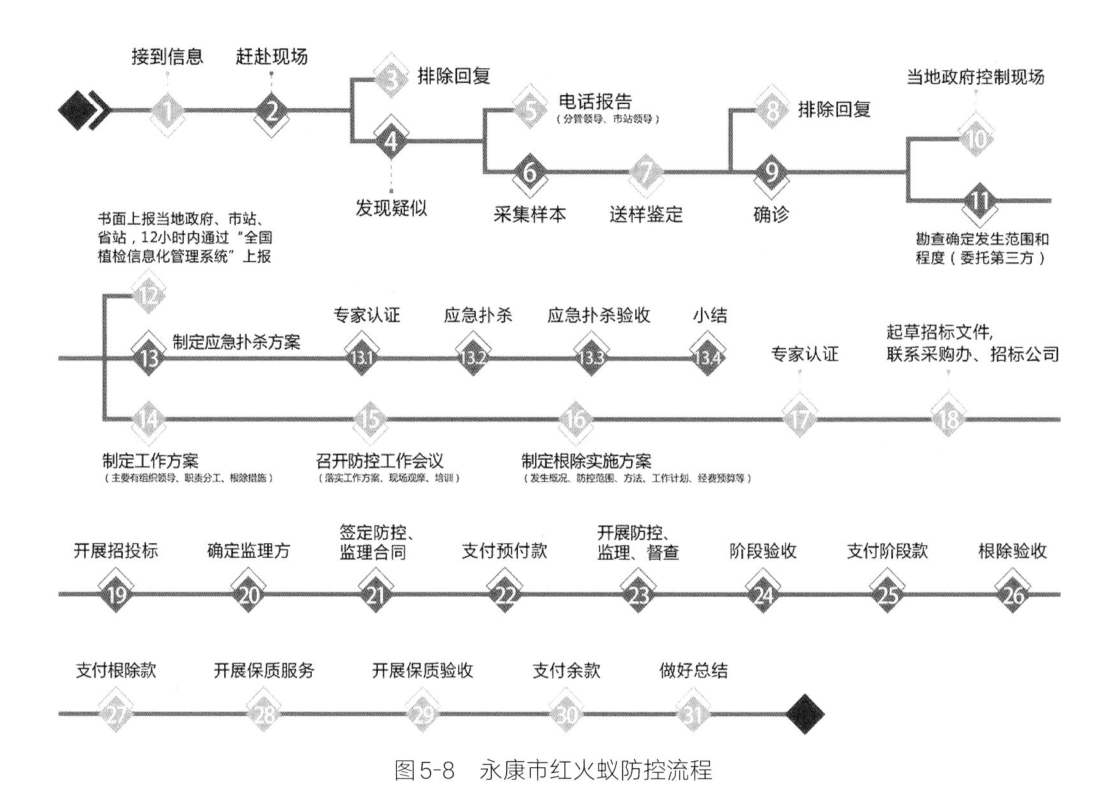

图5-8　永康市红火蚁防控流程

立苗木除害处理点，成立除害处理队，实施苗木除害处置，对处理合格的苗木发放《花卉苗木除害处理外销登记证明表》。

61. 我国为提升社会公众红火蚁防控意识的举措有哪些？

2006年，全国农技中心与中国农业电影电视中心联合录制了20分钟长的、以红火蚁为专题的电影片。2010年，全国农技中心又联合华南农业大学红火蚁研究防控中心，改版拍摄了红火蚁专题片。该专题片介绍了红火蚁的传入途径、红火蚁和蚁巢的形态特征、红火蚁在各种生态环境中的危害特征、繁殖和定殖情况、针对红火蚁的检疫措施、红火蚁入侵后对我国造成的威胁以及我国面临的严峻防控形势、各国对红火蚁的防控方法以及我国现有的防控研究情况等。2018年，全国农技中心组织编纂出版了防控红火蚁的动画宣传片，介绍了红火蚁的特征、危害和监测防控方面的知识，深受植物检疫系统及普通群众的喜爱。根据农业部印发的《红火蚁疫情防控工作宣传培训计划》，各级植物检疫机构等政府部门积极开展宣传工作。2005年以来，全国农技中心主办及协办红火蚁防控培训班100余次，组织编印了80万份红火蚁三折页、20万份《关注红火蚁　扑灭红火蚁》的宣传挂图、1万本《红火蚁检疫手册》和5 000份《红火蚁检疫与控制》光盘，起到了较好的宣传效果。

62. 我国红火蚁的技术研究现状如何?

全国农技中心会同各有关省份和相关科研教学单位，在红火蚁调查监测、发生规律研究、化学药剂筛选和生物天敌防治等方面开展了研究。2006年制定了《防治红火蚁药剂田间防效评比试验方案》，在全国范围内征集了10家公司的13种药剂，包括饵料剂和破坏性撒施处理药剂，分别在广东、广西、湖南和福建4省份开展药效试验，筛选出一批有较好防治效果的药剂。各疫情发生地也积极探索防治新技术、新模式，根据红火蚁生物学特性，结合当地地理特征和气候情况，探索、调整完善施药方案。全国农技中心与华南农业大学红火蚁研究中心、中国农科院植保所和中科院动物所等多家科研教学单位长期合作，组织推广了“新二阶段处理法”等适合中国红火蚁发生危害特征的防控技术方案，牵头实施的“重大检疫性害虫红火蚁的监测、预警及控制关键技术示范推广”项目获2014年中国植物保护学会科学技术奖推广类一等奖。

高珂晓等（2019）人为明确国内红火蚁研究发展历程、研究热点及趋势，以科研数据平台（Web of Science）和中国知网（CNKI）数据库收录的期刊文献为数据源，运用可视化文献分析软件（CiteSpace）的可视化技术绘制图谱，结合关键词共现和突现词分析，揭示外来入侵昆虫红火蚁研究历程及当前研究热点问题。结果表明，自2004年中国首次发现红火蚁以来，国内对红火蚁研究大致可以分为3个阶段：研究初期（2004—2007年），主要研究红火蚁生物学特性和蚁巢的空间分布等；研究中期（2008—2016年），随着红火蚁扩散蔓延，危害日益严重，红火蚁防治技术及其对当地蚁群影响等研究备受关注；研究近期（2017—2018年），红火蚁研究趋势逐渐向“早期风险评估”和“风险管理”方向发展，为全国范围内红火蚁防控工作提供科学的理论指导。红火蚁防治是我国现在乃至将来面临的热点科学问题，高效低污染的化学防治方法和有效的生物防治方法可能是未来的研究趋势。智能预警、快速识别、疫情扑灭等成熟健全的红火蚁防治综合管理方案仍有待进一步研究。

63. 2020年年底以来我国开展了哪些红火蚁针对性防控工作?

2020年12月以来，农业农村部会同住房和城乡建设部、交通运输部、水利部、国家卫生健康委、海关总署、国家林草局、国家铁路局和国家邮政局等九部委，建立了联合防控工作机制，推动各地各部门加强疫情监测调查、检疫管控和科学防控。一是加强部际协调，建立起九部委红火蚁联合防控部际联合协调机制，明确责任司局、联络人员、通联形式，定期会商交流。二是联合下发文件，3月18日，九部委联合印发《关于加强红火蚁阻截防控工作的通知》，要求各地各部门落实防控责任，推进联合防控。三是启动联合行动，3月底，农业农村部牵头九部门在广东省增城区举行全国红火蚁联合防控启动仪式，展示了一批红火蚁监测防控技术和产品，拉开了红火蚁春季防控的序幕。四是加强督查检查，5月农业农村部牵头，九部门组派6个司局级干部带队的工作组，赴红火蚁发生的12个省份开展调研指导，督促红火蚁防控工作落细、落实。

在源头监管方面，农业农村部修订了应施检疫的植物及植物产品名单，突出草坪草、带土观赏植物苗木、带土农作物苗木等高风险物品，组织各地农业农村、林草检疫机构加强检疫检查。在监测调查方面，农业农村部修订完善了红火蚁发生分级标准、技术标准规范，组织各省（自治区、直辖市）完善监测点布局，加强监测调查和信息报送。在防控治理方面，按照“分区治理、分类施策”的思路，农业农村部组装集成防控技术，印发阻截防控方案，指导各地科学防控，拟在广东、广西、福建、海南、贵州、江西、云南等7省份建立10个防控示范区，打造不同环境条件、不同发生程度的红火蚁综合防控“样板”。各地也抓住春季防控时期，积极组织防控，2021年上半年，广东省开展防控近200万亩，广西壮族自治区采购2吨红火蚁防控药剂，用于应急防控和防控示范。在化学药剂方面，农业农村部积极引导科研教学单位开展研究，鼓励规范企业药剂登记，截至2021年4月，登记用于红火蚁防治的农药制剂已有45种，各地根据发生情况，探索集成适宜于不同环境条件、不同发生程度的综合防控技术模式，试验示范区防控效果可达95%以上。另外，无人机、饵剂散播器等新型施药设备也逐渐应用于防控工作。据统计，近年各地年均防控面积1 000万亩次以上，基本将红火蚁发生程度控制在偏轻水平。从防控实践看，红火蚁总体是可防可控的。

64.《关于加强红火蚁阻截防控工作的通知》的主要内容是什么？

2021年，农业农村部会同住房和城乡建设部、交通运输部、水利部、国家卫生健康委、海关总署、国家林草局、国家铁路局和国家邮政局等九部委，建立联合防控工作机制，印发《关于加强红火蚁阻截防控工作的通知》（以下简称“《通知》”）。通知主要有5项要求。

（1）提高思想认识，加强组织领导。红火蚁危害程度重，发生范围广，对生产生活影响大，取食农林作物种子、果实及根系，筑巢引起电线短路或设施故障，叮蜇人畜造成灼伤疼痛甚至休克和死亡。红火蚁发生区域复杂，主要在城市公园绿地、农田、林地、江河堤坝，以及城乡垃圾场、撂荒地等，著名景区、高尔夫球场、重大建设工程都曾有危害案例。《通知》要求各级地方政府及有关部门高度重视，贯彻落实党中央、国务院决策部署，站在保障生产生活正常秩序和国家生物安全的高度，坚持政府主导，加强监测防控，强化部门协作，齐抓共管，形成合力，切实强化对红火蚁等重大外来入侵生物的防控及检疫工作。

（2）**强化部门协同，落实防控任务。**《通知》明确农业农村部会同住房和城乡建设部、交通运输部、水利部、卫生健康委、海关总署、国家林草局、国家铁路局和国家邮政局建立部际红火蚁协作联防工作机制，组织协调红火蚁阻截防控工作。要求红火蚁发生的省份，有关部门要在地方政府统一部署下，建立统筹推进、职责明晰、协调联动的工作机制，各负其责，依法履职。其中，农业农村部门负责组织农业生产田块、农村生活区及周边区域的监测防控；林业和草原部门负责组织林地、草原、苗圃等区域的监测防控；各直属海关负责组织入境口岸、进口货物物品及集装箱存放区域的监测，并通报口岸经营管理部门开展防控；住房和城乡建设、交通运输、水利、铁路部门依照职责分工配合做好城市公园绿地及园林绿化带区域、水利工程及河流湖库周边绿化区域、公路交通线路两侧用地范围以内绿化带、铁路线路两侧地界以内绿化带等红火蚁易发区域的监测防控。邮政管理部门组织做好疫情发生县（市、区）收寄相关邮件快件的植物检疫证书查验；卫生健康部门负责指导医疗机构规范开展医疗救治工作。

（3）**严格检疫监管，降低传播风险。**《通知》要求省级农业农村、林业和草原部门联合制定公布红火蚁疫情发生县、乡级行政区名录。地方各级农业农村、林业和草原部门要严格检疫监管及执法检查，重点加强从疫情发生县（市、区）调运的带土农作物苗木、带土绿化苗木、草坪草等检疫，发现疫情的要停止调出，确有需要的，经检疫处理合格方可调离。各海关加强来源于红火蚁发生国家和地区的进境货物（苗木、木材、饲草等）、物品、集装箱检验检疫，防范疫情传播入境。交通运输、铁路和邮政部门督促道路货运经营企业、铁路运输企业、邮政企业、快递企业做好疫情发生县（区）承运或收寄相关货物、邮件、快件的植物检疫证书查验，确保疫情发生区无证不承运、不收寄。有关部门及单位配合做好疫情发生区内建筑材料、有机堆肥等染疫物品的处置，督促从事生产经营活动的企业遵守法规要求，采取防范措施，降低疫情传播风险。

（4）**加强宣传培训，提高监控能力。**《通知》要求各地各部门利用传统纸媒、互联网、广播电视等多种平台，加强红火蚁防控科普和法律法规宣传，形成全社会共同参与的良好氛围。各级农业农村、林业和草原部门制定印发红火蚁防控技术资料，加强技术指导培训，提高有关部门及基层人员红火蚁识别及防控技术能力。红火蚁发生区农业农村、林业和草原部门要牵头制定本地区红火蚁监测调查及防控方案，加强部门协同，大力推进联防联控。各有关部门配合做好相关生产、建设、经营、管护单位和人员的红火蚁防控宣传培训，确保早发现、早报告、早处置，最大限度扑灭新发局部疫情，有效控制红火蚁发生范围和程度。

（5）**强化保障督查，确保措施落实。**《通知》要求各地贯彻落实《中华人民共和国生物安全法》等法律法规要求，加强防控体系和检疫队伍建设，将红火蚁疫情监测调查、防控阻截、应急处置和培训宣传等经费纳入同级财政预算，确保各项防控措施落到实处。红火蚁发生省份逐步建立疫情防控工作督查机制，组织开展工作检查，对防控不力的，采取重点约谈、挂牌督办等方式，督促工作落实。

《关于加强红火蚁阻截防控工作的通知》明确了各部门在红火蚁防控上的职责要求（表5-4）。

表5-4 红火蚁阻截防控工作清单

部门	主要工作
农业农村部门	1.组织农业生产田块、农村生活区及周边区域的红火蚁监测防控； 2.对从发生区调运的带土农作物种苗等实施检疫，对违规调运行为进行查处，配合司法机关追究责任； 3.按照地方政府部署，建立疫情防控工作督查机制，组织开展工作检查； 4.牵头制定红火蚁防控技术方案，根据防控需要，组织红火蚁防控宣传、指导及培训
林业和草原部门	1.组织林地、草原、苗圃等区域的红火蚁监测防控； 2.对从发生区调运的带土林业种苗等实施检疫，对违规调运行为进行查处，配合司法机关追究责任； 3.按照地方政府部署，建立疫情防控工作督查机制，组织开展工作检查； 4.牵头制定红火蚁防控技术方案，根据防控需要，组织红火蚁防控宣传、指导及培训
海关总署	1.组织入境口岸、进口货物及集装箱存放区域的监测，并通报口岸经营管理部门开展防控； 2.加强来源于红火蚁发生国家和地区的进境货物（苗木、木材、饲草等）、物品、集装箱检验检疫
住房和城乡建设部门	1.按照地方政府部署，配合做好城市公园绿地、园林绿化带区域的红火蚁监测防控； 2.督促生产建设有关单位遵守植物检疫法规，对从疫情发生区调运建筑材料、废弃物品配合检疫检查，采取防范措施
水利部门	按照地方政府部署，配合做好水利工程、河流湖库周边绿化区域的红火蚁监测防控
交通运输、铁路部门	1.按照地方政府部署，依照职责分工配合做好公路交通线路两侧用地范围以内绿化带、铁路线路两侧地界以内绿化带的红火蚁监测防控； 2.督促指导道路货运经营企业、铁路运输企业做好疫情发生县（区）承运相关货物植物检疫证书查验
邮政管理部门	督促邮政企业、快递企业做好疫情发生县（区）收寄相关邮件快件的植物检疫证书查验
卫生健康部门	指导医疗机构规范开展医疗救治工作

65. 为什么要发布《关于加强红火蚁阻截防控工作的通知》？小小的红火蚁我们为什么要这么重视它的防控工作？

由农业农村部、住房和城乡建设部、交通运输部、水利部、卫生健康委、海关总署、国家林草局、国家铁路局、国家邮政局等9个部委，针对单一有害生物的联合行动，在植物疫情防控、植物检疫性有害生物的综合治理上是首次。

（1）**党中央、国务院对红火蚁等重大病虫疫情防控高度重视。**习近平总书记指出，“重大传染病和生物安全风险是事关国家安全和发展、事关社会大局稳定的重大风险挑战。要把生物安全作为国家总体安全的重要组成部分……”党中央国务院领导也高度关注农业植物疫情防控工作。

（2）**红火蚁威胁危害重、扩散蔓延快、防控治理难。**从威胁危害重来说，红火蚁是被世界自然保护联盟认定的100种最危险的入侵物种之一，也是我国农业、林业和进境检疫性有害生物。我国25个省份都存在红火蚁入侵的风险。红火蚁入侵地区的农林业生产、人身健康、生态环境和公共设施都可能受到危害。①从扩散蔓延快来说，根据农业农村部掌握的数据来分析，红火蚁在我国总体呈扩散速度加快、部分地区发生较普遍的特点，其加速扩散的原因既有人类活动传带，也有自身传播，既有境外虫源持续输入，也有国内虫源不断扩散。②从防控治理难来说，红火蚁在我国的农田、果园、草地、林地、荒地、水利堤坝、城市公园、公路绿化带、铁路沿线等不同地点及生境都有发生，涉及多部门监管，仅靠一个或几个部门的“单打独斗”是无法有效控制疫情进一步扩散蔓延的。这也是为什么要九部门联合发通知，组织开展协同防控的重要原因。

66. 红火蚁防控上存在哪些困难？

当前红火蚁防控工作还存在一些问题和困难。一是疫情防控压力大。红火蚁扩散能力强、分布区域广、发生环境复杂，需要各地区各部门协同配合、联合防控，也需要持续发力、久久为功。一个地点、一段时期、一个部门稍有松懈，就可能导致疫情再次扩散传播。二是源头管控难度大。随着城镇、道路和园林建设，草坪草、带土花卉苗木等高风险物品调运量大幅增长，生产经营单位检疫意识不强，违规无证调运时有发生，检疫监管难度随之加大，带来较高的疫情传播风险。三是疫情认识还不够。部分地方政府及部门对红火蚁的发生危害认识还不够，尚未建立联合防控工作机制，监测防控责任还未落实，防控力度有差异，防控措施不到位，影响了整体防控效果。四是防控资金缺乏。红火蚁监测、阻截、铲除需要花费大量人力、物力、财力，但目前多数地方财政投入不足，难以满足疫情防控需要。五是专业队伍力量不足。目前县级农业、林草植物检疫机构工作人员严重不足，已超饱和承担检疫及常规病虫的监测调查、预测预报、防控指导、农药管理等众多日常职责任务，与红火蚁统防统治需求不匹配的情况十分突出。

案例一：美国红火蚁防控情况

1953年美国农业部第一次正式调查时，红火蚁已扩散到美国南部的广大地区，取代了本地火蚁和入侵黑火蚁。红火蚁在美国南部13个州建立了种群，被其占领的土地超过1.3亿公顷，每百万公顷土地上分布的红火蚁重量为18万～35万吨。据统计，在美国历史上有80多人因红火蚁叮咬而死亡，仅得克萨斯州因红火蚁危害造成的损失每年就高达10亿美元，还不包括医疗和生态环境方面的损失。

20世纪50年代，美国政府实施的红火蚁根除计划受多方面影响而失败。美国红火蚁不能根除的原因有如下几方面：一是错过最佳根除时机。美国联邦政府制定根除计划时，红火蚁已在美国定殖超过20年，由1个州扩散到美国南部的10个州，种群数量巨大，根除花费和难度已大大增长。二是防治主体和责任不是政府。土地的私有制导致美国红火蚁防治的主体和责任在农场主，联邦政府只负责研究和调查，州政府负责宣传和检疫，没有法律的强制性，多数农场主防控不积极。三是没有科学方法参考。美国防控红火蚁，初期大量喷洒化学农药而不是用诱饵，无法杀死蚁巢内的蚁后，并导致蚁后转移扩散和环境污染。当联邦政府禁止大量使用化学农药时又没有其他可替代的防控方法。四是无法采取群防群治措施。在美国，农场是机械化生产，大多数人是开着车上下班，民众接触红火蚁的机会很少，专业调查人员很难调查到每个角落。因此，无法发动群众发现“最后一个”蚁巢，也就无法根除红火蚁。

目前，由于分布范围和种群数量太大，美国联邦政府并不把重点放在根除上，其防控策略变更为治理和控制种群数量。

案例二：澳大利亚、新西兰红火蚁防控情况

澳大利亚、新西兰防控经验有以下几点：

第一，政府重视是搞好防控工作的根本。澳大利亚农林渔业部将红火蚁视为全国最具危险的外来有害生物，制定了6年（2001—2006年）红火蚁根除计划，并在昆士兰州成立了红火蚁根除中心（FACC），投入1.75亿澳元（其中联邦政府投入占50%，新南威尔士州和维多利亚州占42%，昆士兰州占8%）。新西兰农林部成立了外来入侵蚂蚁监测与应急技术专家组，制定了2年（2004—2005年）的红火蚁

根除计划和5年的外来入侵蚂蚁监测计划。新西兰农林部投入110万新元进行根除，同时每年投入1.7万新元进行监测。

第二，首次发现红火蚁后，澳大利亚政府立即组织专家对红火蚁进行风险评估，从保护民众生活、生态环境和农牧业发展的高度，对红火蚁在今后30年中将造成的危害进行了分析；新西兰虽然只在两处发现了红火蚁，但新西兰政府立即组织有关专家对83种具有危险性的蚂蚁进行了风险评估，并根据其危险性进行了分类管理，对红火蚁进行彻底根除，对其他8种最具危险性的蚂蚁在全国范围内进行调查和监测。同时，新西兰政府已对可能将用于红火蚁防控的诱饵进行预先登记，以确保紧急情况时的物资供应。

第三，发现红火蚁是根除工作中最重要的环节，在澳大利亚和新西兰发现的蚁巢中有50%是通过群众举报后发现的。澳大利亚和新西兰政府制定了一系列有关红火蚁的宣传计划，在报纸、电视、电台各大新闻媒体上宣传有关红火蚁防控知识，在红火蚁适生区，向群众散发有关红火蚁的宣传材料，定期组织红火蚁宣传日和宣传周活动，向中小学生发放有关红火蚁的调查问卷，设立红火蚁举报的免费电话，提出了“寻找、检查、打电话，我们一定要找到所有的红火蚁”的口号，鼓励民众参与红火蚁的调查活动。

第四，澳大利亚FACC负责昆士兰州全部的红火蚁根除与监测工作，作为一个临时的防治机构，该机构有477名员工，其中管理和科研人员共122人，其余355人均是季节性的临时工，根据根除工作的任务量从社会上聘用，随着根除任务的逐年减少，FACC的工作人员也在逐年减少。新西兰政府是委托外来入侵蚂蚁监测与应急技术专家组，制定红火蚁的根除计划和入侵蚂蚁的监测计划，委托有害生物防治公司和有害生物监测公司分别完成根除和监测工作。

67.红火蚁防控下一步工作打算有哪些？

红火蚁发生生境复杂，有城市公园绿地、农田、林地、江河堤坝，以及城乡垃圾场、撂荒地等，且随草坪草、建筑材料、带土种苗等物品调运远距离传播，做好红火蚁监测防控是一项长期任务，需要政府、有关部门，以及全社会的共同努力。下一步，在红火蚁的防控上，各地、各部门要贯彻落实党中央、国务院的决策部署，抓好方案落实，按照“源头控制、协同联防、检防结合”的思路，推进红火蚁联防联控和综合治理，及时根除零星疫点，防止疫情扩散蔓延危害。

（1）加强检疫监管。要公布红火蚁发生分布县级行政区，加强草坪草、带土花卉苗木等重点对象检疫监管，严防染疫物品调运传入未发生区。加大对违规生产经营企业的执法力度，探索建立违规企业黑名单制度，涉疫基地物品调运熔断机制，提升疫情源头管控水平。加强疫情发生县（区）承运、寄递相关物品的植物检疫证书查验力度，严控疫情传播渠道。指导有关单位配合做好调入物品的查验复检和除害处置。加强来源于红火蚁发生国家（地区）的木材、农畜产品等重点货物检验检疫，防范疫情传播入境。

（2）**加强监测预警**。落实九部门《关于加强红火蚁阻截防控工作的通知》要求，根据红火蚁发生实际和传播扩散规律，构建网格化的监测网络，及时准确掌握疫情发生分布情况和传播扩散动态。进一步完善疫情报告、汇总、分析、通报和发布等制度，在发生关键时期，每周调度疫情信息，及时组织会商，适时发布预警，推进信息在部门间和省际互联互通、实时共享。

（3）**加强科学防控**。多渠道积极争取中央及地方财政投入，支持红火蚁等植物疫情防控工作。按照“消除存量、严控增量”的思路，对零星发生疫点，采取应急防控措施，加大防控力度，力争彻底根除；对发生较普遍的地区，抓住红火蚁活跃期，在春、秋两季组织开展常态化防控，推进联防联控，力争将发生程度压低一至两个等级。加强督查指导，推动各地将红火蚁防控纳入“爱国卫生运动”“乡村振兴”等考核，推进防控措施落实。

（4）**加强宣传引导**。利用电视、报刊等主流媒体及抖音、微信公众号等新媒体，开展科学宣传，强化舆情分析，回应社会关切，普及疫情识别、监测与防控技术知识，以及受叮蜇后的医疗处置方法，及时向公众通报红火蚁发生动态。在人员活动密集的地点设立警示标志，尽力避免叮咬伤人事件。开展相关法律法规宣传，提升公众植物检疫意识，营造依法经营、主动入位、配合防控的社会氛围。

（5）**加强技术保障**。鼓励各红火蚁发生地区加强农业、林草植物检疫机构建设，配齐配强专业技术人员，完善监测调查、检测鉴定、检疫处置和应急防控设施设备。组织专业技术人员对园林养护、道路维护、公共设施管护等相关从业者进行红火蚁识别、防控技术培训，支持社会化服务组织参与疫情监测防控工作，营造政府负责、部门协作、社会协同、公众参与的防控机制，切实提升疫情早发现、早处置能力。

参考文献

白艺珍, 2011. 外来入侵物种(红火蚁、黄顶菊)适生性风险评估技术研究[D]. 南京: 南京农业大学.

鲍小莉, 2018. 红火蚁入侵安徽沿淮地区的风险分析及防控对策[J]. 植物检疫, 32(1): 75-77.

曾令玲, 魏文均, 简建平, 等, 2017. 重庆中央公园红火蚁疫情防控成效浅析[J]. 南方农业, 11(13): 16-17, 20.

陈浩涛, 2010. 我国红火蚁主要行为特征、抗寒能力及发生风险分析的研究 [D]. 北京: 中国农业科学院.

陈林, 2010. 红火蚁(*Solenopsis invicta*)在我国的潜在分布研究[D]. 北京: 中国农业科学院.

陈晓琴, 江世宏, 李广京, 等, 2011. 深圳市不同生境红火蚁发生密度调查研究[J]. 广东农业科学, 38(10): 71-72.

陈晓燕, 马平, 余猛, 等, 2014. 红火蚁在云南的入侵风险分析[J]. 生物安全学报, 23(2): 81-87.

陈宜雪, 2020. 平潭综合实验区主岛红火蚁疫情调查[J]. 植物检疫, 34(2): 77-80.

陈艺欣, 2007. 入侵红火蚁监测与控制技术的研究[D]. 福州: 福建农林大学.

邓铁军, 2011. 广西红火蚁定性和定量的风险分析研究[J]. 广西植保, 24(1): 1-5.

冯晓东, 孙阳昭, 陆永跃, 2020. 红火蚁防控手册[M]. 北京: 中国农业出版社.

高珂晓, 赵彩云, 2019. 基于CiteSpace分析外来入侵昆虫红火蚁的国内研究进展[J]. 环境昆虫学报, 6: 1244-1252.

龚磊, 姚艳红, 罗莹, 等, 2021. 长沙市红火蚁疫情监测及扑灭根除实践与启示[J]. 中国植保导刊, 41(5): 91-94.

龚伟荣, 2005. 入侵生物红火蚁在我国适生性的初步研究[D]. 南京: 南京农业大学.

郭靖, 刘锐英, 孔令枝, 等, 2020. 粤北地区3种生境红火蚁蚁丘分布及影响因素[J]. 广东农业科学, 47(2): 110-117.

胡树泉, 2008. 外来生物红火蚁在福建危害的风险及损失评估[D]. 福州: 福建农林大学.

黄光环, 2015. 福建省上杭县红火蚁疫情发现与根除防控工作[J]. 植物检疫, 29(3): 90-92.

李宁东, 陆永跃, 曾玲, 等, 2006. 广东省吴川红火蚁生境类型、空间分布和抽样技术的研究[J]. 华中农业大学学报, 25(1): 31-36.

林芙蓉,王福祥,吴晓玲,2005. 澳大利亚红火蚁防控经验[J]. 中国植保导刊(8): 41-42.
柳晓燕,赵彩云,李飞飞,等,2019. 基于MaxEnt模型预测红火蚁在中国的适生区[J]. 植物检疫,33(6): 70-76.
陆永跃,曾玲,2015. 发现红火蚁入侵中国10年:发生历史、现状与趋势[J]. 植物检疫,29(2): 1-6.
陆永跃,梁广文,曾玲,2008. 华南地区红火蚁局域和长距离扩散规律研究[J]. 中国农业科学,41(4): 1053-1063.
陆永跃,2017. 防控红火蚁[M]. 广州:华南理工大学出版社.
农业部赴澳大利亚、新西兰考察团,2006. 澳大利亚和新西兰红火蚁防控的主要做法和经验[J]. 世界农业(2): 46-48.
容剑东,2005. 吴川市红火蚁伤人事件流行病学调查分析[J]. 医学动物防制(4): 265-266.
孙印兵,2009. 入侵红火蚁空间分布规律与监测技术研究[D]. 福州:福建农林大学.
王磊,陆永跃,曾玲,等,2012. 草坪生境中红火蚁蚁巢空间关系和蚁群迁移动态规律研究[J]. 华南农业大学学报,33(2): 149-153.
王晓亮,姜培,闫硕,等,2021. 近年我国农业植物检疫疫情新发形势分析[J]. 植物保护,47(2): 6-10.
冼晓青,周培,万方浩,等,2019. 我国进境口岸截获红火蚁疫情分析[J]. 植物检疫,33(6): 41-45.
徐倩,陈晓汾,2020. 基于OvitalMap和ArcGIS的红火蚁疫情调查与分析方法[J]. 植物检疫,34(4): 7-11.
许桂锋,孙立梅,王惠敏,2006. 一起红火蚁伤人事件的调查[J]. 职业与健康(15): 1190-1191.
许益镌,陆永跃,曾玲,等,2006. 几种饵料对红火蚁觅食的引诱作用[J]. 昆虫知识,42(6): 856-857.
许益镌,冉浩,邢立达,等,2016. 红色小恶魔:红火蚁入侵(3D) [M]. 北京:航空工业出版社.
薛大勇,李红梅,韩红香,等,2005. 红火蚁在中国的分布区预测[J]. 昆虫知识,42(1): 57-60.
燕迪,卢志兴,王庆,等,2020. 红火蚁入侵强度对本地蚂蚁群落物种的发现:支配权衡的影响[J]. 昆虫学报,63(3): 334-342.
杨莹,2021. 浅析宁德中心城区红火蚁发生特点与防控对策[J]. 植物检疫,35(3): 65-68.
张敏,胡芳,毕新岭,等,2021. 南海某吹填岛礁红火蚁咬伤110例临床分析[J]. 中国麻风皮肤杂志,37(3): 174-175.
张巧利,林立丰,陈浩田,等,2006. 中国首起红火蚁咬伤致死事件调查报告[J]. 疾病监测(12): 654-656.
张翔,陈艺欣,侯有明,等,2015. 福建省入侵红火蚁扩散规律研究[J]. 应用昆虫学报,52(6): 1376-1384.
赵静妮,许益镌,2015. 基于互联网的红火蚁在中国伤人事件调查[J]. 应用昆虫学报,52(6): 1409-1412.
郑华,赵宇翔,2005. 外来有害生物红火蚁风险分析及防控对策[J]. 林业科学研究,18(4): 479-483.

图书在版编目（CIP）数据

红火蚁防控知识问答 / 农业农村部种植业管理司，全国农业技术推广服务中心主编. —北京：中国农业出版社，2022.3

ISBN 978-7-109-29170-6

Ⅰ.①红… Ⅱ.①农… ②全… Ⅲ.①红蚁－防治－问题解答 Ⅳ.①Q969.554.2-44

中国版本图书馆CIP数据核字（2022）第035697号

中国农业出版社出版

地址：北京市朝阳区麦子店街18号楼

邮编：100125

责任编辑：阎莎莎　　文字编辑：常　静

版式设计：王　晨　　责任校对：刘丽香　　责任印制：王　宏

印刷：中农印务有限公司

版次：2022年3月第1版

印次：2022年3月北京第1次印刷

发行：新华书店北京发行所

开本：787mm × 1092mm　1/16

印张：6.75

字数：120千字

定价：49.00元
